PUBLICATIONS SCIENTIFIQUES ET AGRICOLES

LE
CHASSEUR MÉDECIN

OU

TRAITÉ COMPLET

SUR LES

MALADIES DU CHIEN

PAR FRANCIS CLATER

VÉTÉRINAIRE ANGLAIS

TRADUIT DE L'ANGLAIS SUR LA 27ᵉ ÉDITION

TROISIÈME ÉDITION FRANÇAISE

CORRIGÉE ET AUGMENTÉE

PAR MARIOT-DIDIEUX

Vétérinaire en premier attaché aux remontes de l'armée,
Membre titulaire et lauréat de la Société impériale et centrale de médecine vétérinaire;
Membre fondateur de la Société vétérinaire de la Marne;
Lauréat du Ministère de la guerre et de la Société impériale et centrale d'Agriculture de France;
Membre correspondant des Sociétés vétérinaire et agricole de l'Hérault,
du Nord et du Pas-de-Calais, du Calvados et de la Manche;
Membre honoraire de la Société d'acclimatation des Alpes.

PARIS

LIBRAIRIE SCIENTIFIQUE, INDUSTRIELLE ET AGRICOLE

DE E. LACROIX

ANCIENNE MAISON MATHIAS

QUAI MALAQUAIS, 15

LE CHASSEUR MÉDECIN

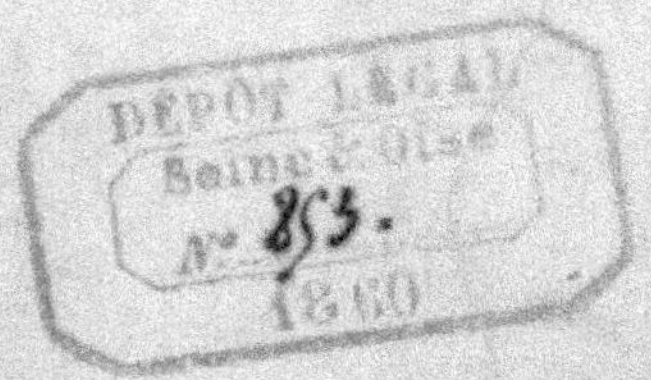

CORBEIL. — Typogr. et stér. de CRÉTÉ.

LE
CHASSEUR MÉDECIN

OU
TRAITÉ COMPLET
SUR LES
MALADIES DU CHIEN

PAR FRANCIS CLATER
VÉTÉRINAIRE ANGLAIS

TRADUIT DE L'ANGLAIS SUR LA 27ᵉ ÉDITION

TROISIÈME ÉDITION FRANÇAISE
CORRIGÉE ET AUGMENTÉE
PAR MARIOT-DIDIEUX

Vétérinaire en premier attaché aux remontes de l'armée,
Membre titulaire et lauréat de la Société impériale et centrale de médecine vétérinaire ;
Membre fondateur de la Société vétérinaire de la Marne ;
Lauréat du Ministère de la guerre et de la Société impériale et centrale d'Agriculture de France ;
Membre correspondant des Sociétés vétérinaire et agricole de l'Hérault,
du Nord et du Pas-de-Calais; du Calvados et de la Manche ;
Membre honoraire de la Société d'acclimatation des Alpes.

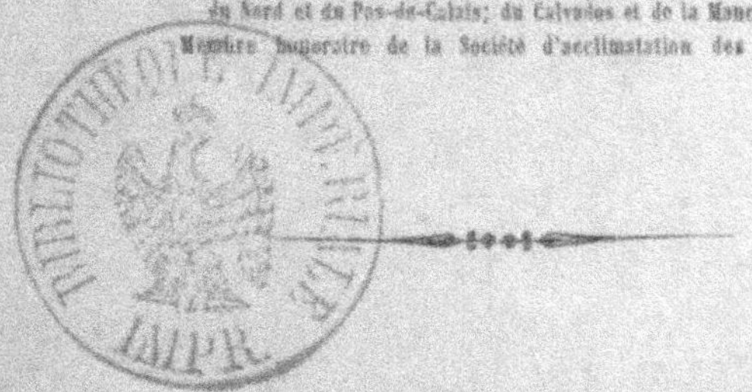

PARIS
LIBRAIRIE SCIENTIFIQUE, INDUSTRIELLE ET AGRICOLE
DE E. LACROIX
ANCIENNE MAISON MATHIAS
QUAI MALAQUAIS, 15
1860

PRÉFACE DU COMMENTATEUR

Le *Chasseur médecin* ou *Traité des maladies du chien* a été publié par Francis Clater, vétérinaire anglais. Ce traité, qui laissait beaucoup de choses à désirer sur la matière, reçut néanmoins les honneurs de plus de vingt éditions. Traduit en français sous le triple nom D. O. R. se disant anciens officiers de cavalerie, et annonçant avoir corrigé avec soin la deuxième édition publiée en 1836, nous nous sommes demandé où d'anciens officiers de cavalerie avaient pu puiser la science nécessaire à corriger un ouvrage d'un vétérinaire aussi distingué que Clater. Ils prétendent avoir puisé dans Buffon. Cela est possible comme histoire naturelle du chien, mais en ce qui concerne ses maladies, Buffon ne s'en est pas occupé. Ils citent encore d'autres ouvrages, mais tous déjà anciens, et par conséquent, loin d'être au courant des progrès immenses qu'a faits depuis la médecine canine. Ils prétendent aussi avoir fait examiner les formules médicales pour les mettre en rapport avec les progrès de la science vétérinaire. Le résultat ne nous a pas paru atteint. D'un autre côté, les traducteurs paraissent se plaindre de notre ingratitude envers les chiens en disant : Nous les voyons souffrir sans pouvoir les soulager. C'est une erreur grossière, l'histoire est là pour démontrer que, chez tous les peuples de l'Europe et dans tous les temps, ce noble et fidèle compagnon de l'homme a été le sujet de soins dont n'ont pas dédaigné de s'occuper de grands personnages. Tous les traités de vénerie ont parlé des maladies du chien et ont indiqué les moyens qu'ils croyaient les plus convenables pour les guérir. La médecine du chien, comme celle de tous les autres animaux, a été longtemps dans les langes de la routine ; mais depuis la création de la médecine des animaux, tous les vétérinaires ont étudié les maladies de ce noble animal, et plus de deux mille d'entre eux s'occupent journellement de leur guérison. Il est vrai que peu de traités spéciaux sur la matière ont été publiés. Après les traités de vénerie, l'Encyclopédie, le Dictionnaire d'agriculture, les instructions et les journaux vétérinaires, où des observations sont publiées éparses et disséminées, on ne les trouve pas rassemblées en un recueil utile aux chasseurs ou amateurs de chiens. Un petit traité fut cependant publié il y a environ quarante ans par M. Delaguette, vétérinaire des gardes du corps. L'édition a été bientôt épuisée. Le traité anglais de Clater, traduit en français, a déjà deux éditions épuisées complétement. Nous fûmes invité à le revoir, à le corriger, à l'augmenter des connaissances acquises. Il y a tant de choses omises ou oubliées dans ce traité, qu'il aurait fallu le refondre complétement. Nous nous contentons d'ajouter les omissions les plus importantes, d'annoter certains passages, de supprimer des formules trop compliquées, d'en simplifier d'autres, d'en ajouter de nouvelles qui ont donné des résultats satisfaisants. Nous avons voulu, avant tout, donner quelques notions sur le tempérament du chien, sur le sang, le pouls, la diète, l'abstinence, la continence. Nous avons agrandi le domaine des contre-poisons et enrichi l'ouvrage d'une foule d'observations et de faits nouveaux ou inédits. Nous avons ajouté un chapitre sur l'art de mégisser leurs peaux pour en faire des tapis ; nous avons donné la formule du savon arsenical, propre à conserver leurs dépouilles, et une note sur le Rusma des Turcs, ou pâte propre à les marquer par épilage.

MARIOT-DIDIEUX.

LE

CHASSEUR MÉDECIN

OBSERVATIONS PRÉLIMINAIRES

SUR

LES MALADIES DU CHIEN

On s'est peu occupé jusqu'à ce jour des maladies qui attaquent les chiens, et, en général, les remèdes qu'on leur administre sont ou inefficaces ou pernicieux. Cet état de choses peut être attribué à l'absence de tout guide qui pût servir à diriger les individus qui se livrent à l'examen de cette matière, dans leurs recherches sur la nature et le siége des différentes maladies, et sur les remèdes qui y sont applicables. Le court traité que je donne ici est le fruit d'une longue expérience suivie des plus heureux succès dans la médecine des animaux. J'ai la confiance qu'il sera utile à tous ceux qui s'intéressent au bien-être de ces fidèles et précieux animaux, en leur indiquant des règles plus sûres pour traiter les diverses maladies auxquelles ils sont sujets. Les maladies des chiens sont peu nombreuses, et leurs caractères ne sont pas difficiles à distinguer, lorsqu'on fait attention aux symptômes qui leur sont propres. En effet, chacune d'elles a ses symptômes particuliers, suivant la partie ou les parties du corps qui sont affectées. Par exemple, nous savons qu'un chien est atteint de *la maladie*, proprement dite, lorsque nous le voyons dépérir et attaqué de toux avec écoulement aux yeux et au nez ; de même, lorsque ces symptômes sont accompagnés de diarrhée, nous concevons facilement que la maladie se complique par la dyssenterie. On a parfois l'habitude, avant et pendant la saison de la chasse, de nourrir les chiens avec de la chair, afin de les rendre plus agiles et de leur donner plus de vigueur pour soutenir longtemps cet exercice ; mais une telle nourriture contribue à développer leurs dispositions à avoir des chancres dans les oreilles et sur les côtés extérieurs de ces parties, ainsi qu'à produire la gale et des maladies inflammatoires. Ces maladies seraient moins fréquentes si, après la saison de la chasse, les chiens étaient purgés et entretenus dans un exercice régulier, et surtout si, en diminuant la quantité de nourriture substantielle qu'on leur donne, on augmentait celle d'une pâture végétale en proportion de leurs fatigues et de l'état de leur corps. Une autre cause de maladie est de les tenir renfermés et de leur donner en même temps une nourriture trop succulente. Ceux qui sont soumis à un semblable régime acquièrent ordinairement une surabondance de graisse qui occasionne une gêne plus ou moins grande dans la respiration. Ils sont aussi particulièrement disposés aux affections morbides du foie, et, lorsqu'ils se trouvent soudainement exposés au froid et à l'humidité, ils sont très-sujets à être attaqués de maladies inflammatoires. Une nourriture trop légère et disproportionnée aux exercices qu'on exige d'eux leur est également très-préjudiciable; car il en résulte une débilité générale dans tout le système organique, qui détruit leur énergie et produit des affections cutanées. Pour éviter ces deux excès également dangereux, il est nécessaire de leur présenter une nourriture quelque peu solide. Si l'on donne, par exemple, à un chien autant de fort bouillon qu'il voudra en prendre, il périra infailliblement; au contraire, un autre chien qui n'aura pour aliment que la viande dont le bouillon aura été extrait, se portera bien, quoique les sucs aient été exprimés jusqu'à la dessiccation complète de la viande. L'exercice, des chenils propres et bien aérés, et une nourriture en même temps substantielle et végétale, donnée suivant la nature de l'exercice que prend l'animal, ainsi que les médecines administrées de temps en temps, sont des choses absolument nécessaires pour conserver les chiens en santé et en vigueur. Il est à propos de prévenir ici que toutes les recettes recommandées dans ce traité sont calculées pour les chiens de moyenne taille; par conséquent, leur quantité peut être diminuée ou augmentée selon les circonstances.

CHAPITRE Ier

DE LA MANIÈRE DE SAIGNER LES CHIENS

On a pour habitude, dans les chenils, de nourrir les chiens avec des aliments trop substantiels, tels que des viandes crues, etc. Cette nourriture leur donne un embonpoint qui les rend lourds, indolents, et leur donne des maladies cutanées. Il en est de même des lévriers, des chiens d'arrêt et autres, qu'une nourriture trop abondante rend impropres aux exercices de la chasse. Il est donc indispensable, quinze jours ou trois semaines avant la saison de la chasse, de les saigner et de leur faire prendre, dans la matinée du lendemain de la saignée, des pilules purgatives. Lorsque les affections sont légères, une ou deux pilules suffisent pour détruire en grande partie les inflammations dont ils sont atteints, et les rendre plus agiles et plus en état de supporter les fatigues. La quantité de sang à leur tirer doit être de quatre onces ou de cinq à huit, suivant leur taille et leur force.

C'est principalement dans les maladies inflammatoires que la saignée est urgente chez ces animaux, comme, par exemple, dans les inflammations des poumons, de l'estomac, des intestins, et autres affections signalées dans le cours de ce traité. On a déterminé, à l'article de chaque maladie, la quantité de sang qu'il faut retirer.

Les maladies inflammatoires se font connaître par les symptômes dont elles sont accompagnées; mais il faut apporter la plus scrupuleuse attention à leur examen pour en différencier les caractères : par exemple, dans les inflammations des poumons, les chiens montrent beaucoup d'abattement et de souffrance ; ils portent la tête haute, et sont toujours haletants par la difficulté qu'ils éprouvent dans la respiration. Ces symptômes ne laissent aucun doute sur la nature et le siége de l'affection. Lorsque l'inflammation est fixée dans l'estomac, l'animal fait constamment des efforts pour vomir, et rejette la nourriture aussitôt qu'il l'a prise : ce sont les indices certains de l'irritation de l'estomac. C'est donc par les symptômes que nous devons chercher à nous assurer de la nature du mal dès que le chien paraît indisposé. On ne peut apporter trop d'attention à cette investigation.

On saigne communément les chiens à la veine jugulaire par le moyen de la lancette ordinaire. Pour faire gonfler la veine et la rendre plus visible et plus palpable, on a soin de serrer la partie du cou la plus rapprochée des épaules, avec une forte ficelle ou avec un ruban, et bientôt elle se montre gonflée au-dessus de la ligature, à un pouce de la trachée-artère, des deux côtés du cou. On l'ouvre alors, avec le secours d'une personne qui tient la tête du chien élevée, ce qui, donnant de la tension au cou, développe plus évidemment la veine, et donne plus de facilité pour la piquer.

Lorsqu'on a tiré une quantité suffisante de sang, on ôte la ligature pour arrêter la saignée, et l'opération se termine là. Quelquefois la ligature ne suffit pas pour faire enfler la veine ; alors elle est moins sensible au toucher, et le sang sort avec moins d'abondance. En pareil cas, on presse la veine avec le pouce de la main gauche jusqu'à ce qu'on ait obtenu une quantité de sang suffisante. Beaucoup de chasseurs ne font aucune ligature autour du cou du chien en le saignant, mais pressent avec quelque force la veine jugulaire avec le pouce gauche pour la faire gonfler, et la piquent avec la lancette qu'ils tiennent de la main droite, immédiatement au-dessus du pouce ; ils continuent de la presser jusqu'à ce qu'elle ait fourni une quantité satisfaisante de sang. On se fait ordinairement aider par quelqu'un pour tenir la tête du chien haute, comme je l'ai dit ci-dessus. Si le chien a beaucoup de poils, on les sépare avec les doigts, ou bien on les coupe dans la partie où est située la veine.

On saigne quelquefois l'animal en lui coupant un petit bout de la queue, ou en lui faisant une incision, avec la lancette, au côté interne du pavillon de l'oreille ; mais cette manière de saigner est aujourd'hui peu suivie. Il est bon d'observer qu'en général on ne doit saigner un chien que dix ou douze heures après qu'il a mangé.

NOTE.

La peau du chien, élastique et dure, est très-résistante à la lancette ; nous avons constamment employé avec succès le bistouri pour pratiquer à la peau une incision, et aussitôt on voit apparaître la couleur bleuâtre de la veine gonflée. La lancette est alors employée. Ainsi préparée par cette incision préalable, on peut au besoin pratiquer la saignée avec une lame de canif en faisant une petite incision longitudinale facile à limiter. Il arrive aussi parfois qu'on a besoin d'arrêter la saignée. On y parvient par une petite épingle qui traverse les deux lèvres de la plaie, ou par une aiguille et un peu de fil noir.

Nota. Quand on a pratiqué la saignée, si le sang sort de la veine avec force, on peut prévoir son efficacité. Si son écoulement est lent, sa coagulation prompte, c'est souvent un signe défavorable ; s'il est noir, ou s'il présente des globules rouge foncé visibles à l'œil nu et nageant dans la sérosité lorsqu'il est reçu sur l'ongle, c'est presque toujours un signe de mort prochaine.

NOTES DU COMMENTATEUR

NOTE 1

De la constitution et du tempérament du chien.

Le tempérament du chien, dit Delafond, est essentiellement sanguin-nerveux ; la grandeur de la respiration de cet animal, le volume de son cœur, la plasticité de son sang, la force et la vitesse de son pouls, ses mouvements énergiques et durables, son intelligence, la force de ses passions, la facilité avec laquelle il supporte la faim sans affaiblir son énergie, tout indique chez lui le tempérament sanguin-nerveux ; aussi, cet animal est-il prédisposé aux maladies inflammatoires de la peau, des poumons, des muqueuses intestinales, maladies accompagnées souvent de symptômes cérébraux et aux affections essentiellement nerveuses.

Du pouls.

On explore le pouls du chien à l'artère fémorale à sa sortie de l'*arcade crurale* (le haut de la cuisse), en y appliquant la pulpe des doigts.

En santé, à l'âge adulte, à jeun et au repos depuis quelque temps, le pouls donne de 90 à 100 pulsations par minute, un quart de plus que le pouls de la chèvre et deux tiers de plus que celui du cheval.

Sang du chien en bonne santé.

Il résulte des observations des hématologues les plus célèbres, tels que le professeur vétérinaire Delafond et les médecins Andral et Gavarret, qui ont expérimenté conjointement sur l'état comparatif du sang des animaux en santé ou affectés de maladies ; il résulte de ces observations :

1° *Globules*. — Chez le chien, les globules du sang sont les plus grosses de toutes nos espèces domestiques, d'où il résulte que le cruor ou matière colorante qui forme le *caillot noir*, est plus considérable en proportion que chez les autres espèces. Les globules paraissent être les parties les plus organisées du sang, et ils sont d'autant plus nombreux que les animaux sont doués d'une plus grande énergie musculaire. Ces globules sont plus nombreux chez le chien que chez les autres animaux d'environ un cinquième. Ils sont plus nombreux chez les chiens adultes que chez les vieux, plus nombreux chez ceux qui restent au repos que chez ceux qui travaillent, plus nombreux chez ceux qui sont gras que chez les maigres.

Ces expériences démontrent physiologiquement les bons effets de la saignée prescrite par Clater, au chapitre premier.

Les globules sont considérés comme la partie éminemment excitante du sang, et l'effet de la saignée se rattache presque entièrement à leur soustraction.

2° *De la fibrine*. — La fibrine est à l'état liquide dans le sang, c'est ce qu'on nommait autrefois la *lymphe* et qui, comme toujours, forme dans les saignées le *caillot blanc*, qui se sépare du caillot noir composé de globules. De tous nos animaux, c'est le chien qui a le moins de fibrine : un tiers et même moitié.

3° *Albumine*. — L'albumine existe à l'état de dissolution dans le sang des animaux, et c'est encore chez le chien qu'elle se trouve en moindre quantité : un demi-quart environ.

4° *Eau*. — La quantité d'eau qui existe dans le sang de tous les animaux domestiques, comparée aux trois éléments organiques précédents, est en grande proportion. C'est encore chez le chien qu'elle se trouve en moindre quantité : un demi-quart environ.

De ces démonstrations très-succinctes il résulte que le chien a un sang très-riche et qu'il n'est pas étonnant qu'il soit doué d'une grande énergie musculaire, et sujet aux maladies inflammatoires.

Du sang par rapport au poids brut du chien.

La saignée, chez le chien, doit être proportionnelle autant que possible, quoique cette proportion du sang à extraire puisse varier suivant l'âge, le sexe, l'embonpoint, le repos, la corpulence et la gravité de la maladie. Ces proportions sont du ressort de l'homme de l'art ; néanmoins, nous pouvons donner des proportions approximatives dont peuvent profiter les amateurs pressés ou éloignés.

1° *Chien de haute taille*, état moyen d'embonpoint, âgé de trois ans, du poids, vivant, de 33 kilog. Ce chien a 3 kilog. 5 grammes de sang, circulant dans ses veines.

La saignée préventive peut être de 350 grammes.

2° *Chien de moyenne taille*, état moyen d'embonpoint, âgé de trois ans, poids, vivant, 16 kilog. Ce chien a 1 kilog. 100 gram. de sang.

La saignée préventive peut être : 1° petite saignée, 122 gram.; 2° grande saignée, 185 gram.; 3° très-grande saignée, 360 gram.

3° *Chien de petite taille*, mêmes conditions d'âge et d'embonpoint ; poids, vivant, 14 kilog. Ce chien a 1 kilog. de sang.

La saignée préventive peut être : 1° petite saignée, 112 gram.; 2° grande saignée, 170 gram.

4° Quant aux chiens de très-petite taille, elle doit être calculée d'après les proportions en poids vivant indiquées ci-dessus.

Observations. — Comme l'indique judicieusement

Clater, on ne doit pratiquer les saignées préventives qu'après douze heures de jeûne.

Vers microscopiques dans le sang des chiens.

Vers le milieu du siècle dernier, dit Henri Roger, Riolan, Bonnet, et autres auteurs, prétendirent avoir trouvé des vers dans le sang du cœur de l'homme, et même en avoir retiré des vaisseaux par la saignée. Ce fait ne paraît pas confirmé aujourd'hui.

Il y a quelques années, des naturalistes allemands découvrirent dans le sang des grenouilles, de quelques poissons et de quelques mollusques, des vers microscopiques (filaires, monostomes, distomes, infusoires). C'est en 1843 que MM. Grouby et Delafond découvrirent les premiers des entozoaires du genre *filaire*, qui vivent dans le sang de certains chiens domestiques et circulent avec les globules de ce fluide dans tous les vaisseaux. Depuis, ils ont étudié, neuf années durant, cet hématozoaire, et ils ont transmis depuis peu à l'Académie des sciences les résultats curieux de leurs recherches.

Le nombre des *filaires* microscopiques qui trouvent vie et pâture dans le sang de quelques chiens, qui naissent dans ce liquide en toute saison et y séjournent des mois et des années, ce nombre est considérable ; vingt-deux chiens en portaient avec eux 52,000 chacun, terme moyen, et chez plusieurs, on en a compté jusqu'à 224,000 ; une seule goutte de sang, extrait de n'importe quelle partie du corps, peut en contenir une douzaine. Comme leur diamètre est moins grand que celui des globules du sang, elles traversent les plus petits vaisseaux capillaires, mais elles ne peuvent vivre que dans le sang, puisqu'on n'en retrouve ni dans le chyle, ni dans la lymphe, ni dans l'urine, ni dans la salive, ni dans les tissus.

Cette affection n'est pas rare ; une statistique de 480 chiens dont le sang a été examiné, donne 1 malade sur 20 ou 25 sujets. Du reste, les filaires de la gent canine ne respectent ni la race ni le sexe ; pour l'âge, elles s'en prennent plutôt aux vieux qu'aux jeunes, à ceux de moyenne taille qu'aux grands ou aux petits ; l'état de maigreur, d'embonpoint, de santé ou de maladie de la bête qu'elles attaquent leur est indifférent ; toutefois, en quelque grand nombre qu'elles s'amassent sur un chien, elles ne paraissent pas jusqu'alors, du moins, altérer en rien ses facultés instinctives ni sa force musculaire.

Chose étrange, le sang qui charrie tant d'animalcules, comparé à celui d'un chien non vermineux, ne présente de modifications bien notables ni dans ses caractères physiques ni dans la proportion en poids de ses principes organiques et inorganiques ; il lui faut néanmoins une constitution particulière pour donner naissance à ces milliers de parasites, car sur certains chiens, les générations se multiplient beaucoup plus nombreuses que les sables de la mer, tandis que chez d'autres elles ne peuvent se fixer. Si on les introduit chez certains chiens, elles disparaissent mystérieusement.

La nourriture gélatineuse de ces animaux paraît favorable au développement des vers microscopiques. Ceci expliquerait peut-être la fréquence des maladies des chiens de bouchers, et qui sait si, un jour, ces entozoaires n'expliqueront pas une foule de phénomènes nerveux chez le chien, et ne mettront pas sur la voie de quelques moyens de guérison, restés jusqu'à présent sans résultats.

Nous devons le dire, cependant, ces petits helminthes ont résisté aux plus forts anthelminthiques et même aux poisons. Tout porte à croire que leur destruction n'aura lieu qu'après la découverte d'un spécifique particulier.

De la continence.

Les animaux créés ont tous un penchant très-prononcé pour la propagation de leur espèce. On pourrait même dire que c'est un don de la nature conservatrice. L'homme seul, soit par bizarrerie d'esprit, soit par charité, soit par lâcheté ou despotisme, ose attenter à cette grande loi de la nature.

Aujourd'hui, en France surtout, on élève un nombre beaucoup plus considérable de chiens que de chiennes; il en résulte pour les mâles une continence forcée qui paraît avoir des suites fâcheuses.

Comme nous l'avons démontré, le sang du chien est très-riche et souvent il contient des entozoaires, qui peut-être ont pour origine une continence absolue. A l'époque du rut, rien ne rebute le chien pour satisfaire son penchant à propager son espèce, ni jeûnes, ni fatigues, ni froid, ni chaud, ni combats sanglants, ni mauvais traitements. A ces époques, il devient propre à rien. La continence forcée le rend gras, lourd, paresseux ; il devient sujet aux affections cutanées rebelles, et quelquefois elle détermine la rage. (Voyez *Rage*.)

Un plus grand nombre de femelles deviendrait donc un but d'hygiène canine d'une haute importance.

De l'abstinence.

Le chien, comme les autres carnivores, garde au besoin très-longtemps l'abstinence. Il résulte d'expériences que le chien peut vivre sans boire ni manger depuis quinze jusqu'à vingt-cinq jours. Or, comme le dit M. Delafond, si le chien supporte en bonne santé une abstinence aussi rigoureuse, il peut donc être soumis à une diète absolue et soutenue sans qu'il en résulte aucun inconvénient.

De la diète.

Les chiens soumis à la saignée préventive ou curative, aux purgatifs, doivent être soumis à la diète. Dans l'un et l'autre cas, la diète a pour but de venir en aide à la saignée et de faciliter l'effet des purgatifs. Elle vient en aide à la saignée, parce que ce régime détermine une diminution dans les globules du sang, et une augmentation d'eau. Trois à quatre jours de diète après la saignée préventive sont suffisants, et douze au plus après la saignée curative.

La diète, chez le chien, consiste à lui donner pour toute nourriture, du bouillon de pieds de veau, de têtes de moutons, de tripes ; et dans lesquels bouillons on ajoute du lait, du petit-lait, le lait coupé d'eau, ou l'eau pure. La demi-diète consiste à ajouter à ces liquides une certaine quantité de nourriture ordinaire.

Des sétons.

La médecine canine emploie assez fréquemment les sétons. Ceux-ci sont placés au poitrail ou de chaque côté du cou.

La matière est le ruban de fil de préférence à la corde de chanvre, comme étant plus facile à laver et à désinfecter.

Rien de plus simple ni de plus facile que de placer des sétons à un chien : sa peau lâche et élastique permet de faire un pli unique, à travers lequel passe l'aiguille à sétons sans craindre une hémorrhagie dangereuse. L'étendue du séton ou sa longueur est proportionnée à la grosseur du pli de la peau. L'aiguille à sétons passe d'un trait à travers l'épaisseur des plis formés des deux peaux, et l'animal souffre infiniment moins.

L'effet des sétons n'a pas toujours pour but d'obtenir de la suppuration; il faut avant tout qu'ils produisent un effet d'engorgement dit dérivatif. La suppuration n'est que le résultat de la décomposition des liquides qui ont constitué l'engorgement primitif, et enfin la décomposition des liquides sécrétés par le tissu cellulaire, où repose le corps étranger nommé séton.

Dans le cas de maladie grave, pour que le séton donne promptement un engorgement, il est essentiel d'enduire le ruban de fil d'une légère couche d'onguent vésicatoire.

Les sétons du chien donnent, peu de temps après leur application, une suppuration d'une odeur tellement rebutante, qu'il devient nécessaire de séquestrer l'animal. Si les pansements en sont négligés, surtout pendant l'été, la mouche carnivore y dépose ses larves et le canal du séton est bientôt rempli de vers. Cette odeur appelle également des essaims de mouches qui viennent tourmenter le chien au point qu'il finit par abandonner la partie, et se laisser sucer le sang.

Moyens de remédier à ce double inconvénient. — Pour désinfecter les sétons et empêcher les mouches carnivores d'y déposer leurs larves, on emploie :

> Amidon ou fécule.......... 500 grammes.
> Goudron purifié 200   —

On mélange, et on frictionne les issues des sétons après les avoir lavés

On obtient encore le même résultat, en employant le mélange suivant.

<pre>
Coaltar....................... 3 parties.
Plâtre pulvérisé et tamisé..... 100   —
</pre>

On mélange. Il en résulte une poudre du plus bas prix, qu'on emploie depuis peu de temps à désinfecter les plaies avec les plus grands succès. Elle empêche les démangeaisons et en éloigne les mouches.

Ce procédé de désinfection est destiné aux plus grands succès, et par son efficacité bien constatée et par son prix insignifiant. Semé dans les chenils il les désinfecte à l'instant.

Nous trouverons encore d'autres applications de cette poudre dans la médecine et la chirurgie canine.

De la gestation.

Les chaleurs périodiques des chiennes se manifestent deux fois par an, au printemps et à l'automne.

Les premiers signes des chaleurs sont une odeur *sui generis*, qui appelle le mâle à la fécondation, puis survient bientôt un léger gonflement de la vulve, accompagné souvent d'un écoulement utéro-vaginal, quelquefois coloré à devenir flux semestruel.

Ces chaleurs durent environ quinze jours, temps pendant lequel mâles et femelles sont dans un état de surexcitation extraordinaire.

Pendant les cinq ou six premiers jours, la chienne refuse la fécondation et dépense, si elle est libre, une immense quantité de force. Elle fatigue les mâles, car elle est polygame, sans paraître se fatiguer elle-même, ce qu'on attribue à son instinct de se laisser féconder par les plus vigoureux. On lui attribue aussi des caprices de choix.

Des accouplements. — Le chien étant dépourvu des réservoirs ou vésicules séminales, où vient se déposer en réserve la liqueur prolifique sécrétée par les testicules, a donc, par ce fait particulier à la race canine, besoin d'un long accouplement pour émettre la semence fécondante. En effet, ce n'est que quand l'animal est lié par une disposition anatomique des organes, que les testicules du chien sécrètent la liqueur qui est émise dans l'organe femelle par jets périodiques.

Au premier abord de l'accouplement, dont le mode est connu, et tant que le mâle reste sur la femelle, il n'émet que la liqueur prostatique ; ce n'est que quand il est lié et descendu, qu'il émet la véritable liqueur fécondante. Cette émission dure de dix à vingt minutes.

Durée de la gestation. — La durée de la gestation, chez les lices, est de soixante à soixante-trois jours au plus. Elles sont pourvues de cinq paires de mamelles, tant ventrales que pectorales.

Multipares, elles donnent souvent naissance à un plus grand nombre de petits qu'elles n'ont de mamelles, ce qui paraît ne pas avoir lieu chez les chiennes à l'état sauvage. La domestication a donc été une cause de fécondité chez cette race.

De la mise bas. — Pour mettre bas, la chienne aime et recherche une demi-obscurité, ce qu'il est toujours facile de lui procurer.

Tous les soins de la maternité lui sont dévolus par la nature. Le mâle n'y prend non-seulement aucune part, mais la mère l'éloigne sous le prétexte vrai ou supposé qu'il tuerait les petits pour jouir plus tôt de la mère.

Un lit de paille brisée, voilà le plus essentiel; la chienne se charge d'accoucher; elle mange ses enveloppes fœtales, lèche ses petits à mesure de leur arrivée; elle mange leurs excréments, suce leur urine et les tient dans un très-grand état de propreté.

Sans avoir une idée bien précise des nombres, la chienne reconnaît assez facilement la soustraction d'un ou de plusieurs de ses petits; elle témoigne de l'inquiétude, paraît avoir des regrets et fait des recherches pour les découvrir. C'est avec les dents et degrandes précautions qu'elle les rapporte à son nid.

On ne doit pas laisser à la chienne plus de cinq petits. A chacun d'eux une paire de mamelles. Un plus grand nombre est, non-seulement une cause d'épuisement pour la mère, mais une cause de faiblesse pour les petits, d'abâtardissement des races et qui les expose à la maladie proprement dite, ainsi qu'aux affections vermineuses.

Chez toutes les femelles multipares, la mise bas est généralement facile; cependant, la grande variété de race, de taille, de corpulence que la domestication a fait naître ou a contribué à propager, est la cause que des femelles de petite taille reçoivent des mâles disproportionnés; de là des parts laborieux nécessitant parfois l'intervention de l'homme. La petitesse des organes génitaux de la femelle est un grand obstacle aux manipulations; cependant, en couchant les femelles sur le côté gauche et pressant de la main le ventre, on refoule vers l'ouverture vaginale les sujets qui s'y engagent, ce qui facilite le jeu du doigt indicateur droit de l'opérateur. Il y a des cas où des instruments particuliers sont nécessaires, et alors, il faut recourir à l'homme de l'art.

Les avortements sont rares chez les chiennes et ils

sont presque toujours la suite de coups ou de chutes.

De l'allaitement. — L'allaitement ne doit pas dépasser soixante à soixante-dix jours. Une plus longue durée est une cause d'épuisement de la mère, et les petits, devenus forts, tiraillent, compriment les mamelles souvent assez fortement pour donner lieu par la suite à des squirrhes qui dégénèrent en cancer.

Du sevrage, tarir le lait des chiennes. — Si on laisse aller le sevrage au gré de la nature, la chienne sèvre elle-même ses petits. Elle finit par sentir son épuisement et elle ressent des douleurs aux mamelles qui provoquent son refus. Il est toujours facile de sevrer les jeunes chiens, même avant le terme fixé par la nature ; mais il y a des chiennes qui ont une telle abondance de lait qu'il devient presque indispensable d'employer quelques moyens propres à le faire tarir sans inconvénients.

Il en est de même à l'égard des chiennes qui ne nourrissent pas leurs petits. C'est par celles-ci que nous allons commencer.

1° *De la fièvre de lait.* — Au moment où la fièvre de lait se développe, il est important de soumettre les chiennes au régime rafraîchissant pendant au moins trois jours. Du lait coupé des deux tiers d'eau constitue une boisson aussi utile qu'agréable aux chiennes, et si on leur permet quelque nourriture, que ce soit de préférence des soupes étendues et très-légères.

2° *Tarir le lait.* — Autrefois, pour tarir le lait des chiennes, on se contentait de leur faire porter des colliers de liége, variété d'*amulettes* qui n'est pas nuisible si, concurremment avec elle, on emploie les moyens hygiéniques convenables. Cependant, la présence au cou d'une chienne d'un collier de liége n'est que l'emblème d'une vieille superstition qui ne ferait pas honneur au chasseur ou à tout autre propriétaire, et qui n'est plus de notre époque. Le véritable amateur doit être exempt de ce préjugé. Il ne doit pas même le tolérer à son vieux piqueur. On sait que, parmi ces derniers, il y en a encore quelques-uns qui croient aux oiseaux de mauvais augure, à la présence d'un ver sous la langue et à un autre au bout de la queue. Quoique ce soit un signe d'ignorance, on sait que certains d'entre eux tiennent à honneur de n'ignorer de rien. Il est peut-être quelquefois prudent de faire des concessions à cette superstition. Le collier de liége est une madone tellement puissante et adorée, que des maîtres ont été punis de leur irrévérence au Dieu tout-puissant. C'est un fait que nous avons constaté.

S'il y a une indispensable satisfaction à donner au collier de liége, ce qui ne nous regarde pas, que ce soit concurremment avec les moyens suivants.

1º Boissons nitrées.

Sel de nitre, de 5 à 10 grammes.

Suivant la taille, dans un bouillon au mou de veau ou de lait coupé. On continue pendant quatre ou cinq jours.

2º Purgatifs doux.

Sel de Glauber, de 10 à 40 grammes.

Suivant la taille, en dissolution dans un ou deux verres d'eau. On peut réitérer ce purgatif après trois ou quatre jours.

3º Onctions astringentes sur les mamelles. — Le collier de liége n'empêche nullement le lait de s'accumuler dans les mamelles, de s'y cailler et de devenir parfois une cause de squirrhe et de cancer. Il est toujours facile de prévenir cet accident par :

1° *Onctions astringentes à la pommade de Saturne suivante :*

> Onguent populeum...... 60 grammes.
> Extrait de Saturne...... 15   —

ou :

2° *Embrocations astringentes.* — Craie pulvérisée, délayée avec du vinaigre blanc. On en fait une pâte liquide qu'on applique sur toutes les mamelles et qu'on renouvelle six à sept fois par jour. On en obtient une prompte résolution.

La bouse de vache, même la terre argileuse délayée avec le vinaigre, donnent aussi de bons résultats.

Phénomènes se rattachant à la parturition et à l'allaitement chez les chiennes qui n'ont pas été fécondées au moment des chaleurs.

M. Delafond, professeur et aujourd'hui directeur de l'École impériale vétérinaire d'Alfort, a lu à l'Académie impériale de médecine dont il est membre, une suite d'observations sur certaines chiennes qui n'ont pas été fécondées pendant la période du rut et qui, juste au moment où la sortie du fœtus devrait avoir lieu si elles avaient été fécondées, éprouvent tous les phénomènes qui précèdent et suivent la parturition.

Ces observations, peut-être plus intéressantes au point de vue de la physiologie comparée qu'au point de vue pratique, ne doivent pas moins être connues des amateurs à l'effet qu'ils ne soupçonnent pas la fidélité forcée de leurs chiennes, ni la complaisance ou l'oubli des piqueurs, ni des avortements supposés, ni la *canilophagie* des chiens. Au besoin, on peut même tirer un parti avantageux de ces singuliers phénomènes.

Voici, d'après M. Delafond, quels sont ces phénomènes, comment ils se produisent, se succèdent et se terminent.

« Lorsque la chienne entre en rut et qu'elle a été privée
« du mâle, les chaleurs se continuent plus longtemps.
« On sait aussi que le feu de l'appareil générateur ne
« s'éteint complétement que du dixième au quinzième
« jour. Ce laps de temps écoulé, l'organisme revient à
« l'état normal.

« La chienne porte de soixante à soixante-trois jours
« et elle est pourvue de cinq paires de mamelles, tant
« ventrales que pectorales. Or, la chienne qui a éprouvé
« des chaleurs, qui n'a pas reçu le mâle, commence à
« éprouver du quarantième au cinquantième jour, un
« gonflement déjà très-sensible aux deux paires de ma-
« melles postérieures ou pré-inguinales. Cette tuméfac-
« tion augmente tous les jours.

« Déjà en pressant les mamelons, on peut en retirer
« un liquide séreux, un peu jaunâtre, visqueux.

« Du véritable lait s'accumule donc dans les mamelles
« des chiennes non fécondées, du quinzième au vingtième
« jour avant une parturition qui ne doit pas s'effectuer
« à l'époque dévolue par la nature, mais dont tous les
« préparatifs ont été faits en vue de compléter l'œuvre de
« la procréation.

« Arrivée à l'époque de cette fausse parturition, les
« bords de la vulve grossissent et son ouverture s'élargit,
« la muqueuse vaginale est rouge et sécrète un liquide
« visqueux.

« La chienne s'agite, témoigne de l'inquiétude et cher-
« che un endroit pour déposer sa progéniture. Ses re-
« gards tendres, les caresses fréquentes qu'elle fait à ses
« maîtres, ses cris plaintifs annoncent que l'organisme

« s'apprête au grand acte de la parturition. Libre, on voit
« la chienne emporter dans sa gueule des chiffons, de la
« paille, et par ses mouvements circulaires, préparer son
« lit ou plutôt son nid.

« Ces occupations-là durent douze à vingt heures.
« Après quelque temps la chienne s'imagine qu'on lui a
« ravi ses petits, et elle éprouve une fièvre de lait. »

Ces phénomènes sont plus communs chez les petites
espèces. Nous avons indiqué à l'article précédent les soins
à donner. Ils sont les mêmes que pour les chiennes à qui
on a enlevé les petits.

De ce fait singulier, il résulte qu'il est possible d'utiliser les chiennes qui offrent ces phénomènes, en leur
faisant adopter des enfants étrangers, ce qu'elles font
très-volontiers. Par des caresses, on est même parvenu à
leur faire nourrir des louveteaux, des renardeaux, des
chats, même des lapereaux.

De la cryptorchidie.

(CHIEN A UN SEUL TESTICULE.)

La cryptorchidie, chez le chien, consiste en un testi-
cule resté à l'intérieur et non descendu dans les bourses.

Ce défaut, qui paraît au premier abord sans importance,
attendu que le chien n'en est pas moins apte à un bon
service de chasse ou de garde, en a cependant une très-
grande au point de vue de la propagation de l'espèce.
Nous avons possédé un joli épagneul anglais, né *monor-
chide*, qui, pendant six années, n'a pu nous donner de sa
race, quoique lui ayant fourni des femelles en sa seule
possession. Il avait beaucoup d'ardeur.

D'après les observations de M. le professeur vétérinaire
Goubeaux, les spermatozoïdes ou animalcules spermati-

ques, ne se rencontrent pas dans les testicules restés dans le ventre, ni dans ceux qui sont descendus isolément.

Les observations des chiens monorchides impropres à la fécondité sont nombreuses et bien constatées.

Éverration.

(ENLÈVEMENT D'UN PRÉTENDU VER SOUS LA LANGUE.)

Depuis la plus haute antiquité, on a considéré le petit muscle tendineux qui se trouve sous la langue des chiens comme un ver, et cette erreur, malgré les nombreux écrits des vétérinaires français et allemands pour démontrer le contraire, cette erreur, disons-nous, n'est pas encore complétement disparue de l'idée vulgaire.

Il est très-vrai que ce muscle tendineux, par sa forme, son aspect nacré, imite assez bien un ver du genre strongle dont la partie postérieure serait plongée dans l'épaisseur des muscles de la langue, et la partie antérieure arrive jusque sous la membrane buccale où elle paraît libre. Ce muscle tendineux semble destiné à supporter et à soulever la nappe de la langue pour faciliter l'action de boire.

Ce muscle est plus ou moins apparent, de longueur variable et repose entre les deux muscles plus charnus, dits *génioglosses*.

On a donc démontré nombre de fois que l'enlèvement de ce muscle ne préservait le chien de rien. Tout ce qui résulte de cette opération intempestive est un relâchement de la préhension des aliments et des boissons qui dure une quinzaine de jours.

CHAPITRE II

DE LA MANIÈRE DE MÉDICAMENTER LES CHIENS.

Il est nécessaire de purger les chiens avant la saison
de la chasse, afin de détruire chez eux l'état d'inertie
qu'une nourriture trop abondante leur a fait contracter, et de les rendre plus agiles et plus forts dans
les chasses. Je dirai même que, sans cette précaution,
ils seraient impropres à ces exercices. Il est indispensable également de médicamenter toutes les espèces
de chiens, au moins une fois par an, ceux surtout que
l'on tient enfermés et qui sont nourris de chair.

Quand on veut faire prendre une pilule ou une médecine liquide à un chien, on doit le tenir droit entre
les genoux, le dos en dedans des jambes, après lui
avoir lié les jambes de devant avec un mouchoir ou
une serviette que l'on noue par derrière. Ces précautions prises, on ouvre la gueule de l'animal en pressant la lèvre supérieure avec le pouce et l'index d'une
main, et avec l'autre on introduit le remède dans le
gosier jusqu'au delà de la langue; on retire ensuite la
main lestement, et on lui referme la gueule en lui tenant la tête élevée jusqu'à ce qu'il l'ait avalé.

NOTE

Les pilules purgatives indiquées par Clater sont trop compliquées dans leur composition. Nous pensons devoir les remplacer par les suivantes , tirées du formulaire magistral vétérinaire de Bouchardat. Nous conseillons les chasseurs qui possèdent des meutes, de faire confectionner de ces pilules en assez grande quantité à la fois. Elles doivent faire partie de la pharmacie canine. Renfermées dans une boîte, elles peuvent se conserver plusieurs années.

Pilules canines purgatives pour le chien trop gras.

Aloès et jalap en poudre......aa. 10 grammes.
Sirop de nerprun .... q. s.

Mêlez pour former vingt-cinq pilules. La dose est depuis une jusqu'à cinq, proportionnée à l'espèce, l'âge et la force de l'animal. On les enveloppe dans le beurre pour les administrer.

Pilules toni-purgatives contre l'inappétence et la maigreur.

Aloès succotrin..........   5 grammes.
Sulfate de potasse....... 15   —
Savon médicinal .... q. s.

Faites cent pilules, que vous roulerez dans la poudre de fenouil, donnez dix pilules au chien, le matin, à jeun, et si après trois heures il n'y a pas d'action, recommencez le soir avant le repas.

L'administration des médicaments au chien exige un plus grand nombre de précautions que celles indiquées par Clater.

Pour donner des breuvages aux chiens, dit notre confrère Delafond, « ceux de moyenne grosseur , on les
« accule dans une encoignure, on place la tête entre les
« jambes et on la maintient solidement et modérément
« élevée. On écarte alors une commissure des lèvres en
« la portant en dehors, de manière à former au dedans
« de la gueule une espèce d'entonnoir, dans lequel on
« verse le liquide à petites gorgées, en laissant entre
« elles un certain intervalle. Le chien tousse souvent
« lorsqu'on lui administre le liquide ; alors il faut cesser
« momentanément de le verser jusqu'à ce que l'animal
« ne tousse plus.

   « La plupart des chiens boivent facilement les breuva-
« ges lorsqu'on les donne ainsi ; mais quelquefois ils se
« défendent, se livrent à des mouvements désordonnés
« et cherchent à mordre. Dans ce cas, pour les gros
« chiens, il faut lier la gueule avec une corde ou un ruban
« de fil, attacher les quatre pattes et les coucher sur une
« table. On place ensuite dans la gueule un morceau de
« bois de la grosseur d'un doigt pour la tenir entr'ouverte,
« et on assujettit la mâchoire avec la corde ou le ruban
« de manière à lui permettre encore quelques petits
« mouvements, à l'effet qu'il puisse avaler. On écarte
« alors la commissure d'une lèvre après avoir levé la tête
« et on fait parvenir le breuvage au fond de la gueule.

   « Quant aux petits chiens, s'ils sont doux, on les met
« entre les jambes et on leur donne le breuvage ; mais
« s'ils sont méchants, vifs et se livrent à des mouvements
« désordonnés, il est difficile de les maintenir et de leur
« ouvrir la gueule ; cependant on y parvient comme nous
« venons de le dire pour les gros. Souvent, il vaut mieux
« et il est plus facile d'associer le médicament aux bois-
« sons qu'ils appètent, comme le lait, le bouillon, l'eau

« sucrée. Si ces moyens sont insuffisants, on a recours
« à des lavements, dans l'eau desquels on ferait dissou-
« dre le médicament. »

Administration des lavements. — Constipation.

Le rectum du chien est souvent rempli de matières
terreuses, dures, résidu des os qu'ils mangent, de char-
pies de pansements, de portion d'os ou autres corps étrangers qui n'ont pas été attaqués par la digestion. Par un long
repos dans les chenils, les chiens de garde constamment
à l'attache sont sujets à la constipation.

Le rectum, ainsi rempli de matières dures, ne peut
recevoir de lavements. La première indication à remplir,
est de rompre avec le doigt la première pelote, toujours
la plus grosse et la plus dure.

L'introduction du doigt dans le rectum serait insuffi-
sante par le refoulement mobile de la pelote, il devient
alors indispensable de lier la gueule de l'animal, de le
coucher sur le côté gauche. L'opérateur, de la main gauche, explore le ventre du chien et finit par sentir la pelote
qui grossit outre mesure l'arrière-intestin ; au moyen
d'une pression d'avant en arrière de cette pelote, on finit
par l'acculer pour ainsi dire vers l'anus où le doigt indicateur de la main droite la rencontre et la brise facilement.

Le lavement se donne au chien, soit avec une seringue,
soit avec une vessie de cochon pourvue d'un tuyau. En cas
de besoin, on peut se servir d'une corne, même d'une
petite bouteille ; dans ces derniers cas, on est obligé d'é-
lever le derrière du chien, de dilater le rectum avec
deux doigts pour former un entonnoir dans lequel on
verse le liquide.

La dose d'un lavement est de un à deux centilitres pour
les petits chiens, et de trois à quatre pour les gros.

CHAPITRE III

INFLAMMATION DES POUMONS (PNEUMONIE)

Cette maladie n'est pas rare chez les chiens ; on la reconnaît aux symptômes suivants. L'animal manifeste beaucoup de souffrance et tient la tête en l'air ; il est continuellement haletant et éprouve une grande gène à respirer. Cette affection est toujours accompagnée d'une toux légère.

Elle provient ordinairement des imprudentes exigences du maître qui les fait aller à l'eau en hiver, ou quand ils sont fatigués et échauffés. Les transitions subites du chaud au froid, surtout lorsque, étant d'une race à longs poils, ils ont été tondus pendant les rigueurs de cette saison, en sont des causes très-fréquentes. Cette maladie leur devient souvent fatale, en ce que l'inflammation, en se propageant, se termine par la fusion du fluide aqueux et séreux dans la cavité où substance des poumons, ce qui amène la suffocation de l'animal.

Pour arrêter les progrès de l'inflammation, et prévenir, s'il est possible, l'imminence de ses dangers, il faut saigner l'animal dès qu'on s'aperçoit de l'existence du mal. S'il est de médiocre grandeur, il faut lui tirer huit à dix onces de sang à la veine du cou ; s'il est de haute taille, on peut en tirer de dix à quatorze, suivant sa force et la violence des symptômes. On renouvellera la saignée au bout de cinq à six heures si la respiration est difficile. Immédiatement après la saignée, on emploiera le liniment vésicatoire suivant, avec lequel on frictionnera pendant un quart d'heure la partie située entre les jambes de devant et les côtés du coffre. On répétera cette opération trois ou quatre fois par jour, pendant les deux ou trois premiers jours.

Dans cette maladie comme dans toutes les maladies inflammatoires, le chien doit être tenu dans un lieu dont la température soit douce : il faut le laisser libre et dégagé de toutes entraves, lui préparer une nourriture consistant principalement en une bouillie de farine de blé moulu, ou bien en bouillon. On peut même lui donner de la viande en petite quantité.

NOTE

Nous avons cru devoir supprimer le vésicatoire prescrit par Clater. D'une part, parce que les cantharides ont la propriété d'irriter la vessie du chien et, de l'autre, parce que l'animal finit par se lécher.

Pommade épipastique remplaçant le vésicatoire.

Axonge (saindoux) fraîche..... 22 grammes.
Cire blanche.................. 2   —
Huile de croton.............. 6 gouttes.

On fait fondre la cire et la graisse ; quand le mélange est refroidi, on y ajoute l'huile de croton.

Après la friction, on fera prendre au chien la poudre tempérante suivant la formule de *Blaine*.

    Digitale en poudre...   1 gramme.
    Émétique............   20 centigrammes.
    Nitre...............   20 grammes.

Mêlez, divisez en vingt paquets. On en donne un toutes les deux heures.

L'inflammation des poumons ou la pleuro-pneumonie chez le chien peut l'affecter souvent, mais avec des symptômes plus légers qui ne font en quelque sorte que de provoquer la toux. C'est ce qui arrive aux chiens qui aiment à passer à l'eau l'été pour se rafraîchir et prendre un bain de pieds. Après plusieurs toux successives, ils sont assez souvent affectés de symptômes analogues à l'asthme ou de maladies chroniques de la poitrine. On donne alors la poudre suivante :

    Émétique........   1 gramme.
    Nitre...........   10   —
    Digitale........   2   —

Mêlez et divisez en quatre-vingts paquets. On en donne un chaque matin.

Ces deux poudres se dissolvent dans un quart de verre d'eau qu'on fait avaler au chien suivant la manière indiquée.

La potion diurétique suivante , donne aussi de très-bons résultats sur la fin des maladies de poitrine.

    Prenez : Racine de guimauve........   15 grammes.
             Eau.....................   1 litre, qu'on fait bouil-
             lir avec la guimauve jusqu'à
             réduction des.............   3/4 ;
    Ajoutez: Fleurs de camomille........   30 grammes.
    Faites infuser un quart d'heure et
    ajoutez : Sel de nitre.................   30   —
               Sulfate de potasse...........   30   —

Cette potion se donne au chien toutes les deux heures, à la dose de deux à trois cuillerées pendant quatre à cinq jours.

Régime. — Dans toutes les maladies aiguës, comme les pneumonies, bronchites, gastro-entérites, les carottes cuites avec une tête de mouton ou les pieds des mêmes animaux composent un bouillon excellent pour leur nourriture durant ces maladies.

Pneumonie chronique. — Clater n'a rien dit de ces affections passées à l'état chronique, et cependant elles ne sont point rares. Après la pneumonie aiguë, le chien reste maigre, il a des quintes de toux surtout après une légère course. On lui administre les pilules suivantes indiquées par Blaine :

Recette.

Thridace...	2 grammes.
Baume du Pérou	1 —
Gomme arabique	5 —
Miel.....................	q. s.

On en forme vingt pilules. On en donne deux chaque matin.

Blaine indique encore les bons effets des pilules balsamiques suivantes.

Recette.

Gomme ammoniaque....	10 grammes.
Baume du Pérou	6 —
Scille	1 —
Acide benzoïque.........	2 —
Baume de soufre	q. s.

Pour quarante pilules qu'on donne par deux chaque matin.

Le même auteur indique une poudre mercurielle antimoniale que nous avons employée avec succès pour combattre ces affections chroniques.

Recette.

Calomel..................	1 gramme.
Nitre....................	10 —
Crème de tartre..........	20 —
Antimoine en poudre.....	2 —

On en forme quarante paquets et on en administre un chaque matin dans le beurre.

A la suite des affections chroniques de poitrine, il arrive souvent que le chien est affecté d'asthme, ce dont notre auteur a cru devoir négliger de parler.

De l'Asthme.

Cette affection, presque toujours la suite de pneumonie chronique, se reconnaît facilement à une difficulté de respirer ; difficulté plus ou moins grande et comme périodique à certaines heures du jour.

Blaine combat cette affection avec succès par l'emploi de la poudre composée :

1° Émétique.........	1 gramme.
2° Nitre.............	10 —
3° Digitale..........	2 —

On en fait quarante paquets. On donne un paquet par jour.

CHAPITRE IV

Lorsque l'estomac est enflammé, le chien fait des efforts continuels pour vomir, paraît très-souffrant et rend tout ce qu'il prend ; il éprouve aussi une grande soif.

Il est rare que cette maladie soit chez les chiens une affection première ; elle vient presque toujours de l'affection des intestins dont l'irritation s'étend jusqu'à l'estomac, ce qui occasionne les symptômes que je viens de décrire.

On commencera par une saignée de six à dix onces, que l'on pourra réitérer, dans l'espace de six à huit heures, si les symptômes ne diminuent pas d'une manière sensible. Après la saignée, on excitera des vésicules sur le ventre au moyen de la pommade remplaçant le vésicatoire (page 30).

Administrez ensuite le lavement suivant :

Prenez : Bouillon ou eau tiède...... 1 pinte.
           Sel d'Epsom............... 2 onces.
           Huile de graine de lin..... 1 —

Faites dissoudre le sel dans le bouillon ou dans l'eau, ajoutez ensuite l'huile et mêlez.

Avant de donner le lavement, il est nécessaire d'introduire le doigt dans le fondement pour en retirer les matières endurcies, s'il y en a. Ce lavement doit se donner avec un tuyau de la grosseur ordinaire, attaché par un des bouts à une vessie : on presse celle-ci avec les deux mains pour chasser le liquide dans les intestins. Aussitôt que l'on a fini, il faut baisser et serrer la queue du chien pendant quatre ou cinq minutes, pour l'empêcher de rejeter son lavement.

On frictionne le ventre avec la pommade épipastique à l'huile de croton deux ou trois fois dans la journée jusqu'à ce que le chien soit mieux.

NOTE

Des Empoisonnements.

Les empoisonnements chez les chiens ne sont point traités par l'auteur avec tous les développements d'un sujet aussi important. Nous allons en faire un article tout à fait neuf.

1º *Empoisonnement par la noix vomique.* — Ce genre d'empoisonnement n'est pas rare chez le chien. Certains braconniers font, pendant l'hiver, la chasse aux corbeaux, aux pies, au moyen de boulettes de viande mélangées de noix vomique en poudre. Les chiens n'hésitent point à manger ces boulettes et ils s'empoisonnent. D'autres braconniers plus perfides et plus coupables emploient ce moyen de vengeance.

Depuis quelque temps, quand la police locale prescrit, dans l'intérêt de la sûreté publique, de renfermer les chiens ou de les conduire en laisse, elle prévient que des boulettes empoisonnées seront jetées dans les rues dans le but de détruire les chiens errants.

Le poison le plus généralement employé dans ce cas sont des boulettes de pain ou de viande dans lesquelles on fait entrer, soit de la poudre de noix vomique, soit son extrait alcoolique, soit sa teinture, soit son alcali, la *strychnine*, soit la *brucine* ou alcali de la fève de Saint-Ignace, l'un et l'autre poisons redoutables. Deux ou trois centigrammes de strychnine suffisent pour empoisonner un chien de forte taille en produisant des effets de tétanos qui, en se prolongeant, s'opposent à la respiration jusqu'au point de produire l'asphyxie complète et la mort.

Effets de la noix vomique. — Le chien empoisonné par la noix vomique et ses autres préparations ne tarde pas à en ressentir les effets, et à peine, dit M. Delafond, professeur à l'École impériale vétérinaire d'Alfort, s'est-il écoulé cinq ou six minutes, qu'on s'aperçoit que le chien est inquiet ; s'il cherche à marcher, ses mouvements musculaires sont saccadés, brusques et interrompus parfois par des soubresauts, des contractions spasmodiques dans les muscles. Quand on touche l'animal soumis à cette substance, dit Bouchardat, il éprouve une secousse semblable à une commotion électrique.

La pupille n'est point dilatée comme dans les empoisonnements narcotiques ; la sensibilité générale est exaltée ; la respiration reste régulière, mais les battements de cœur sont accélérés. Les fonctions digestives et sécrétoires ne présentent rien de remarquable. L'intelligence du chien ne paraît pas troublée ; il écoute, voit et obéit.

Autopsie des cadavres. — Quand c'est la noix vomique administrée en poudre, elle laisse des traces d'irritation à l'estomac et aux intestins. Les autres préparations ne laissent aucune trace. Chez les uns comme chez les autres, on rencontre les signes de l'asphyxie. Les poumons, les artères et les veines sortant du cœur, sont gorgés de sang noir.

Antidotes. — La noix vomique et ses autres préparations donnent lieu, comme nous l'avons dit, à des raideurs tétaniques qui empêchent les chiens de vomir, et cependant, c'est par les vomitifs qu'il faut débuter, si toutefois ce n'est pas le seul antidote bien connu contre ce genre d'empoisonnement.

Pendant notre garnison de Grenoble, une foule de chiens furent empoisonnés par la strychnine en boulettes de viande. Les vomitifs à haute dose furent administrés sans succès. Nous résolûmes alors de détendre l'organisme général par l'éthérisation, et les vomissements avaient lieu aussitôt sans avoir recours aux vomitifs.

On verse quinze à vingt grammes d'éther sur une éponge, on enveloppe d'un linge la tête du chien et on le force à en respirer les vapeurs. Après quelques minutes, les vomissements ont lieu. Ce grand résultat obtenu, on pratique une saignée dans le but de diminuer les signes d'asphyxie. On entoure le cou du chien d'un gros linge imbibé d'eau sédative qui jouit de la précieuse propriété de rendre le sang liquide et circulatoire. Après la saignée, on peut également renfermer le chien dans une bergerie dont les fumiers dégagent des gaz ammoniacaux. Ces gaz rendent aussi le sang liquide et circulatoire.

2° *Empoisonnement par l'arsenic.* — Le chien est susceptible d'être empoisonné par l'arsenic et ses préparations ; que l'empoisonnement soit dû à la malveillance ou au hasard de la présence de ce poison dans différentes préparations dites *mort aux rats* et d'eau dite *mort aux mouches*, car celle-ci n'est autre chose que l'arsenic métallique délayé dans de l'eau miellée ou sucrée. L'arsenic entre dans la fabrication des papiers peints et dans plusieurs couleurs. On l'emploie dans le chaulage des blés et pour empoisonner les animaux nuisibles à l'agriculture. Dans ce dernier cas, il entre du suif, du pain émietté dans la pâte arsenicale arrêtée par l'École de pharmacie de Paris pour la destruction des rats, des souris, des mulots qui ravagent les grains.

Effets de l'arsenic ou *acide arsénieux*. — L'arsenic à petites doses donne lieu à des nausées, à des vomissements abondants ; salivation, soif très-vive, jamais diarrhée. Si la dose est plus forte, les effets ci-dessus sont exagérés et le pouls est remarquable par sa vitesse et sa petitesse ; tristesse plus grande, face crispée, conjonctive de l'œil violacée, plaintes, cris, coliques ; dans ce dernier cas, au lieu de saliver, la gueule est sèche, la respiration profonde. Il y a bientôt faiblesse très-prononcée, peau moins chaude qu'en santé. Ces symptômes durent quelquefois dix à vingt heures. Ce n'est qu'à doses très-fortes que le chien périt en peu d'heures.

Autopsie des cadavres. — La muqueuse de l'estomac est très-rouge et vivement injectée, quelquefois noirâtre et cautérisée par l'arsenic qui adhère à sa surface. Les petits et les gros intestins sont très-rouges. Les poumons sont noirâtres. Les reins sont rouges, la vessie est pointillée en rouge et l'urine est trouble, jaunâtre.

Antidotes. — Nous ne parlerons pas d'une foule d'antidotes employés avec plus ou moins de succès. Nous disons qu'à force de recherches, M. Orfila a constaté les bons effets du nitrate de potasse (sel de nitre) en dissolution dans l'eau, à la dose de 4 à 8 grammes dans un verre d'eau. Le sel de nitre entraîne promptement par les urines le poison qui circule déjà dans le sang et imprègne les tissus. Cette belle découverte a été confirmée par de nombreuses expériences faites publiquement.

Si on soupçonne un empoisonnement récent, il sera avantageux de recourir avant tout au vomitif suivant prescrit par *Eckel*.

Recette.

Poudre de vératre ou ellébore blanc... 10 centigrammes.
Ipécacuanha........................ 50 —

Mêlez dans 30 grammes d'eau et administrez en une seule fois.

Vomitif immédiat. — Le sulfate de zinc, connu dans le commerce sous le nom de vitriol blanc, de couperose blanche, s'emploie à la dose de 50 centig. à 1 gram. suivant la taille, dissous dans un quart de verre d'eau.

3° *Empoisonnement par le phosphore.* — Les croûtes de pain frottées de pommade phosphorée que les Prussiens ont inventée pour empoisonner les rats, peuvent-elles empoisonner les chiens? Il résulte d'expériences comparatives faites par notre confrère Reynal, chef de service à l'école d'Alfort, qu'il faut pour empoisonner un chien, de 1 à 3 grammes de phosphore. Or, il est difficile d'admettre qu'un chien mangerait par hasard assez de croûtes pour s'empoisonner. Quoi qu'il en soit, le chien qui a mangé du phosphore, ne tarde pas à vomir des matières mousseuses, jaunâtres et qui répandent une odeur très-prononcée de phosphore; souvent même, comme nous l'avons remarqué chez les volailles, les vomissements sont précédés d'éructations où on peut distinguer des vapeurs phosphorées.

Autopsie des cadavres. — Si, par une cause quelconque,

le chien était empoisonné, voici, d'après M. Reynal, les lésions cadavériques qu'on observerait.

L'estomac est retiré sur lui-même, la muqueuse qui le tapisse est ridée et violemment irritée d'un rouge brun. Placée sous un filet d'eau pour enlever les mucosités mousseuses et jaunâtres, elle laisse voir à l'endroit où a séjourné le phosphore, des plaques noirâtres, et même la destruction du tissu organique.

Dans les dernières portions de l'intestin, on rencontre une matière verte ou jaune, qui, au contact de l'air, dégage des vapeurs phosphorées.

Antidotes. — Un grand nombre de piqueurs s'empressent, dans la plupart des empoisonnements, d'administrer des breuvages huileux. Dans le cas présent, il résulte des expériences d'Antonelli et de Borsarelli, qu'il faut éviter avec le plus grand soin d'administrer du beurre ou de l'huile, parce que les matières grasses facilitent la diffusion du phosphore, véritable métalloïde, dans l'économie.

Les antidotes du phosphore sont peu nombreux, il faut avant tout provoquer les vomissements. Après les vomissements, administrer 30 grammes de craie délayée dans de l'eau ; réitérer.

L'antidote le plus vanté aujourd'hui consiste dans les breuvages suivants :

Recette.

Magnésie calcinée.................. 2 grammes.
Eau bien bouillie et refroidie...... 1 verre.

La magnésie calcinée reste en suspension dans l'eau et est administrée en breuvage. On peut doubler et même tripler la dose. Aussitôt la convalescence, on donne des mucilagineux, principalement le sirop de gomme, mais toujours dans l'eau bouillie pour qu'elle contienne le moins d'air possible.

4° *Empoisonnements narcotiques*. — Que l'opium ou ses préparations, l'acétate, le sulfate ou l'hydrochlorate de morphine soient administrés au chien par la malveillance ou le hasard, on remarque les symptômes suivants :

Effets des narcotiques. — Le chien éprouve des mouvements convulsifs, d'abord légers, mais qui deviennent tellement intenses que l'animal en est ébranlé; sa tête se renverse sur son dos, les extrémités se raidissent par intervalles; parfois il fait entendre un cri plaintif. Bientôt succède un état comateux; les pupilles sont et restent dilatées; la conjonctive des yeux devient bleuâtre, le pénis sort du fourreau; il devient chancelant et comme paralysé et meurt dans un état profond d'accablement.

La durée de l'empoisonnement varie de deux à vingt-quatre heures.

Autopsie des cadavres. — Comme la malveillance vraie ou supposée engage presque toujours les propriétaires à faire pratiquer l'autopsie de leurs chiens pour s'assurer de leur genre de mort, dans le cas présent, cette autopsie qui exige des connaissances anatomiques, doit donc être pratiquée par un homme de l'art.

Comme lésions principales, on remarque que le sinus veineux du cerveau et les vaisseaux artériels de ce viscère, les veines du canal rachidien, sont gorgés outre mesure par un sang noir. La pulpe du cerveau se pointille d'une multitude de taches noires après sa section. Les autres organes n'offrent presque rien de remarquable.

Antidotes. — On administre des décoctions de noix de galle et même d'écorce de chêne, de sumac des corroyeurs ; au besoin on administre un verre d'encre à écrire qui contient de l'acide gallique.

Toutes les matières qui contiennent du *tan*, ont la propriété de transformer les principes solubles de l'opium en produits insolubles et annulent en partie son effet toxique.

Le café très-fort est aussi considéré comme un antidote de mérite.

5° *Empoisonnement par le cuivre*. — Les chiens peuvent s'empoisonner en mangeant des aliments qui ont séjourné dans des vases en cuivre.

Symptômes. — Efforts continuels pour vomir, soif ardente.

Antidotes. — Vomitif, ensuite on fera avaler au chien 1 ou 2 litres d'eau dans laquelle on aura battu 5 à 6 blancs d'œufs.

6° *Empoisonnement volontaire* de vieux chiens, infirmes, incurables, et dont on veut se défaire sans les faire souffrir, et le cas se présente souvent. Quelques gouttes d'acide hydrocyanique, mises sur la conjonctive avec une baguette, donnent la mort en quelques secondes.

7° *Empoisonnement partiel ou anesthésique local*. — Voici un moyen excessivement avantageux pour empêcher la douleur d'être ressentie dans le cas d'opération pratiquée sur les doigts, les pattes, les oreilles, les mamelles des chiennes, etc. On introduit dans un petit flacon, le tiers de sa capacité de camphre pulvérisé, et on le remplit d'éther sulfurique. Cette solution s'applique sous forme de frictions sur les parties malades et permet de faire agir le bistouri sans que l'opéré manifeste de la sensibilité. Ce procédé est applicable aux autres animaux, et même à l'homme. Il est dû au docteur Cluisse.

CHAPITRE V

COLIQUE INFLAMMATOIRE.

Lorsque le chien est tourmenté de cette colique, il est inquiet, manifeste beaucoup de souffrance, et quand on lui presse l'abdomen avec la main, la douleur y produit un mouvement convulsif qui le fait aussitôt se retirer sur lui-même ; il éprouve du dégoût en présence de la nourriture, et vomit quelquefois. On remarque toujours chez lui différents symptômes de fièvre, tels que la soif, la perte de l'appétit, une grande sécheresse et une grande chaleur dans la gueule ; ses jambes tremblent sous lui lorsqu'il veut marcher, et les intestins sont généralement très-tendus.

La cause la plus commune de cette maladie doit être attribuée à l'exposition de l'animal à l'humidité et au froid, surtout lorsqu'il est fatigué et souffrant. Elle provient aussi quelquefois d'une trop grande constipation des intestins ; mais fort souvent elle survient sans qu'on puisse lui assigner aucune cause déterminante.

Il faut commencer par saigner l'animal, comme je l'ai dit ci-dessus, à l'article des Maux d'estomac, lui frictionner ensuite le bas-ventre avec l'huile vésicatoire, lui administrer plusieurs lavements.

S'il éprouve de la difficulté à vomir, on lui fera prendre la pilule suivante, de six heures en six heures, jusqu'à ce qu'elle ait produit son effet sur les intestins.

> Prenez : Calomel , de 4 à 6 grains (suivant la taille et la
> force de l'animal).
> Opium en poudre........   1/2 grain.
> Aloès succotrin ....   1 gros.

Faites une pilule avec du sirop.

Il est inutile de répéter ici que toutes les pilules qui ont quelque odeur doivent être roulées dans des morceaux de papier fin, au moment de les faire prendre. Si le remède n'opérait point, on pourrait, au bout de six heures, donner le breuvage suivant :

Potion purgative.

> Prenez : Huile de ricin..........   1 once 1/2.
> Infusion ordinaire de café ou de gruau, deux cuillerées à bouche.

Versez l'huile sur le café, mêlez, et donnez cela à l'animal.

Quelques personnes se contentent, pour guérir cette maladie, de plonger le chien jusqu'au cou dans un baquet d'eau chaude, et de l'y tenir pendant quinze ou vingt minutes. Ce moyen est certainement très-salutaire en pareil cas, comme dans toutes les affections inflammatoires, si l'on a soin ensuite de bien sécher l'animal et de le tenir très-chaudement ; mais si l'on néglige cette précaution essentielle, il fera plus de mal que de bien. On peut faire prendre ces bains deux fois dans la journée, pendant les deux premiers jours de la maladie.

Colique venteuse ou flatulente.

Cette espèce de colique est une contraction spasmodique d'une ou de plusieurs parties des intestins ; elle est produite par quelque cause d'irritation, telle que constipation des intestins, vers, exposition au froid et à l'humidité, amas d'aliments indigestes dans l'estomac. Quelquefois elle est provoquée par de la peinture contenant du plomb, que le chien aura léchée, comme il a été dit ci-dessus, page 26.

Cette maladie est accompagnée des symptômes suivants :

L'animal éprouve dans les intestins des douleurs tellement violentes qu'il se jette à terre, se roule et tourne souvent plusieurs fois de suite, tenant ses yeux fixés sur la partie souffrante ; son regard paraît lourd et abattu ; ses entrailles sont presque toujours dures et tendues ; le rectum paraît chargé et presse visiblement contre le fondement, d'où résultent de continuels efforts pour chasser les excréments. Il manifeste de la répugnance pour la nourriture et vomit quelquefois.

Si la maladie est causée par les vers, elle se reconnaît généralement à quelques signes précurseurs (nous en parlerons à l'article qui traite des vers). Si on ne s'oppose pas au mal dès le principe, on voit bientôt se déclarer des symptômes d'inflammation. L'estomac fait mal ses fonctions, la respiration devient courte et précipitée, l'animal est inquiet, et témoigne de la souffrance lorsqu'on lui presse l'abdomen.

Pour traiter cette maladie, quelle qu'en soit la

cause, il faut calmer les spasmes, faciliter l'évacuation des intestins, et prévenir les progrès de l'inflammation, par l'usage ordinaire de la recette suivante.

Prenez : Opium en poudre........... 2 grains.
         Calomel (muriate de mercure
           doux), de 4 à 8 grains (sui-
           vant la taille et la force).
         Aloès......................... 1 gros.
         Huile de Carvi.............. 6 gouttes.
         Sirop ou conserve, ce qu'il en faudra pour la com-
           position d'une pilule.

On en donnera une de quatre en quatre heures ou toutes les six heures, jusqu'à ce que les intestins soient entièrement dégagés ; mais il faut préalablement administrer le lavement, en ayant soin d'introduire le doigt dans l'orifice du rectum, pour extraire les excréments qui s'y sont durcis et arrêtés, et qui obstrueraient-le passage du liquide médicinal.

Si les pilules ne soulagent pas l'animal au bout de six à huit heures, et s'il indique encore de la souffrance lorsqu'on lui presse l'abdomen, il faut, s'il est de moyenne taille, lui tirer de six à huit onces de sang, et lui faire prendre un bain chaud.

Coliques bilieuses.

Les chiens sont parfois attaqués de coliques bilieuses. Ces affections sont accompagnées de vomissements, d'évacuations bilieuses, de douleurs intestinales et d'une soif ardente. Elles proviennent, en général, des mêmes causes que les coliques flatulentes. La pilule suivante, administrée aussitôt que possible, conviendra dans ce cas.

Prenez : Opium en poudre............ 3 grains.
          Poudre aromatique......... 36 —
          Poudre de colombo......... 36 —
          Huile de menthe .... 3 gouttes.
          Sirop ou conserve, suffisante quantité pour une
             pilule.

Faites-en avaler une de quatre en quatre heures, jusqu'à ce que le vomissement et le cours de ventre aient sensiblement diminué.

Si l'animal vomit la pilule, donnez le lavement suivant :

Prenez : Gruau chaud.............. 8 onces.
          Teinture d'opium........... 1 gros.

Mélangez le tout, et répétez l'opération si le cas l'exige.

NOTE

De la Constipation.

La constipation est très-commune chez le chien, par suite d'un long repos et chez ceux qu'on nourrit d'os. Les matières terreuses des os sont peu digestes, et il faut au chien beaucoup d'exercice pour qu'elles ne s'accumulent pas au rectum. Le chien mange souvent des feuilles de chiendent qui forment des pelotes qu'il a difficulté de rendre et qu'il mange cependant dans le but, dit-on, de se purger. Dans tous les cas, ce n'est qu'un purgatif mécanique qui n'a d'autres inconvénients que celui de former des pelotes.

La constipation du chien est toujours facile à reconnaître, et Clater recommande d'introduire le doigt dans le fondement dans le but de briser la masse avant d'administrer un lavement. La recommandation est bonne, mais l'introduction du doigt pour briser la masse n'est pas suffisante ; on est obligé de coucher le chien et de sentir avec la main gauche à travers les parois du ventre la masse dure et concrète qui forme un gros cordon. Avec la main gauche, on la pousse en arrière, et c'est seulement alors, qu'avec l'index de la main droite on parvient à briser cette masse.

On donne ensuite un lavement. Il arrive parfois que cette masse de matière fécale recèle une portion d'os non digéré et qu'on est obligé d'extraire avec le doigt.

Dans les constipations opiniâtres, on doit recourir au purgatif suivant :

> Huile de croton ...　1 goutte.
> Pain ....　1 gramme.

On en fait un bol qu'on administre au chien.

Moiroud prescrit encore le purgatif suivant :

> Sirop de nerprun....　60 grammes.
> Eau...............　1 verre.

On délaye le sirop dans l'eau et on administre en breuvage.

De la diarrhée chronique.

La diarrhée chronique n'est pas rare chez le chien, surtout chez les jeunes. Ils sont ordinairement maigres

et paraissent faibles, même chancelants dans leur marche.
On peut débuter par l'emploi des pilules suivantes.

Sang-dragon en poudre, de 1 à 2 grammes.

On en forme avec la mie de pain deux pilules qu'on
administre tous les jours au chien, jusqu'à guérison.

Dans les diarrhées chroniques rebelles on emploie avec
succès l'electuaire suivant.

Conserve de roses................ 5 grammes.
Tanin pur...................... 50 centigrammes.
Laudanum de Sydenham........... 5 gouttes.

Blaine prescrit les pilules astringentes suivantes :

Cachou en poudre........ 5 grammes.
Gomme arabique......... 5   —
Craie................... 10   —
Conserve de roses .... quantité suffisante.

On en forme des pilules de la grosseur d'une noisette.
On en donne de deux à trois par jour, jusqu'à guérison.

De la dyssenterie ou flux de sang.

Cette maladie des chiens, assez commune en France,
paraît inconnue en Angleterre. Clater n'en a pas parlé et
ses traducteurs français n'en ont dit que quelques mots
qu'ils ont puisés à différentes sources.

Cette affection est bien caractérisée par eux, mais ils
ont négligé les causes et presque les moyens d'y remédier. Ils donnent avec justesse à cette maladie, les caractères suivants :

« Déjections plus liquides que dans l'état de santé, peu
« abondantes, mais fréquentes, visqueuses, sanieuses,
« mêlées de stries de sang, très-fétides ; le rectum est

« rouge et chaud ; elle présente encore d'autres symp-
« tômes plus graves et bien différents ; aussi elle est ac-
« compagnée d'une fièvre bien marquée et de la perte de
« l'appétit ; l'animal est triste, a le poil mauvais et cher-
« che à boire. Quelquefois il rend du sang clair et le ven-
« tre est sensible au toucher. »

De cet exposé, il résulte que la dyssenterie du chien es
une entérite, ou inflammation de la muqueuse du gros
intestin.

Les causes en sont multiples et souvent dus aux logements insalubres, au grand nombre de chiens dans le
même chenil, leur exposition aux grandes chaleurs suc-
cédant à des temps humides, la malpropreté des chenils
et des aliments avariés et surtout moisis.

La dyssenterie offre généralement trois périodes. Dans
la première, le chien a des frissons, de la constipation,
ses excréments sont secs et durs, peu abondants ; il a des
tranchées, de la démangeaison à l'anus. Le chien est souvent en érection.

Dans la seconde période qui commence vers le sixième
jour après son début, les matières fécales sont abondantes, très-fétides, déjà mélangées de mucosités, de stries
de sang.

Dans la troisième période, l'animal rend parfois du
sang, ou des caillots sanguins noirs, le flux se répète
souvent et le chien témoigne de vives douleurs d'entrailles.

Traitement. — Les saignées sont avantageuses surtout
pendant la première période et même au commencement
de la deuxième. Abstinence complète d'aliments solides,
boissons tièdes, mélangées d'un quart de lait bouilli. On
administre trois à quatre lavements de mauve ou de guimauve par jour.

Breuvage opiacé.

Extrait gommeux d'opium ....   1 gramme.
Têtes de pavot................   5   —
Riz..........................   20   —
Eau..........................   1 litre 1/2.

On fait bouillir le riz et les têtes de pavots dans l'eau ; on passe à travers un linge, on ajoute l'extrait d'opium et on administre tiède en trois ou six breuvages suivant la taille du chien.

CHAPITRE VI

DE LA MALADIE PROPREMENT DITE.

Depuis quelques années la maladie a fait de grands ravages parmi les jeunes chiens de constitution délicate, tels que les lévriers, chiens d'arrêt, bassets, etc. Ceux qui ont achevé leur entière croissance, qui sont forts et bien nourris, résistent plus facilement à la maladie. Elle serait beaucoup moins funeste à ces animaux, si les chasseurs savaient la traiter judicieusement; mais, en général, ils se fient à certains spécifiques qu'ils possèdent, et auxquels ils attribuent les qualités les plus efficaces. Comme ils les emploient indistinctement pour tous les cas et dans tous les degrés de la maladie, quels qu'en soient les symptômes, ils finissent presque toujours par faire périr l'animal.

La maladie des chiens est ordinairement indiquée par les symptômes suivants. L'animal paraît triste et stupide; il s'opère dans son économie un dépérissement graduel; le nez et les yeux distillent une humeur aqueuse qui se condense; ses jambes de derrière sont parfois si faibles qu'à peine il peut marcher, que fort souvent il ne peut se lever. Il secoue fréquemment la tête, fait entendre un ronflement dans le gosier, écume de la gueule, et tient souvent la tête penchée du même côté. Il est frileux, cherche constamment le feu, tousse un peu, râle en respirant, prend peu ou point de nourriture, manifeste beaucoup de dégoût, et a de fréquents vomissements. Il arrive quelquefois que les intestins ne subissent aucune altération dans leurs fonctions naturelles; et quelquefois, au contraire, ils éprouvent un grand relâchement. Dans quelques cas, ils sont le siège de violentes tranchées non accompagnées de dévoiement. La maladie se déclare de différentes manières. Dans certaines années, elle s'annonce par des accès convulsifs et par le dépérissement des sujets; d'autres fois elle apparaît avec les symptômes d'un grand relâchement et d'un dépérissement graduel, et souvent un accès convulsif précède son apparition; mais les symptômes les plus ordinaires sont ceux mentionnés en premier lieu. Généralement aussi les yeux de l'animal sont plus malades que de coutume.

Presque tous les chiens sont sujets à la maladie : il est rare que quelques-uns échappent à ses atteintes. Elle survient souvent sans qu'on puisse lui assigner aucune cause matérielle et probable; mais elle peut être provoquée par les injures d'une atmosphère froide et humide, ou par la privation d'une bonne nourriture. Elle est aussi de nature contagieuse.

Je la considère comme une fièvre causée par l'inflammation particulière de la membrane muqueuse d'une ou de plusieurs parties du corps, telle que celle des fosses nasales et des conduits lacrymaux, dont elle altère les sécrétions visqueuses à mesure qu'elle fait des progrès. Dans le cas présent, l'inflammation affecte presque toujours la membrane muqueuse qui tapisse le gosier, les bronches et les poumons eux-mêmes, d'où résulte une irritation qui obstrue ces parties et produit la toux et un râlement dans le gosier. Elle s'étend aussi fréquemment à la membrane muqueuse des intestins, et occasionne pour l'ordinaire le flux de ventre. Lorsqu'elle se communique à celle qui recouvre l'estomac, le dégoût et le vomissement s'ensuivent.

Le traitement à opposer à la maladie doit être déterminé particulièrement d'après ces symptômes, qu'il faut observer avec la plus grande attention. Dès qu'on s'apercevra que l'animal en est attaqué, quoique sans dévoiement, on se hâtera de lui faire prendre la pilule ci-après, pour le faire vomir et le purger.

Prenez : Émétique................. 3 grains.
       Jalap en poudre .... 10 —
       Conserve du fruit d'églantier, en suffisante quantité pour une pilule.

Donnez-en une tous les trois jours, jusqu'à ce qu'il en ait pris trois. Cela suffira pour la guérison, sans le secours d'aucun autre médicament, si le mal n'est pas grave ; mais s'il est violent ou accompagné de fièvre maligne, il faudra administrer la pilule restaurative suivante, en commençant le lendemain du jour où aura été donnée la troisième pilule.

Prenez : Racine de colombo en poudre... 2 scrupules.
       Poudre aromatique .... 10 grains.
       Rhubarbe en poudre .... 10 —

Carbonate de soude............ 15 grains.
Huile de menthe............. 3 gouttes.
Sirop ou conserve, ce qu'il en faudra pour une
     pilule.

On continuera ces pilules jusqu'à parfaite guérison.

Si la maladie commence par la diarrhée, on substituera la pilule que voici.

Prenez : Poudre d'ipécacuanha, de 30 à 40 grains (suivant
     la force de l'animal).
Eau......................... 2 onces.

Mêlez et donnez trois fois, une fois tous les trois jours.

On peut, au lieu de breuvage, former une pilule avec la conserve de fruit d'églantier.

Peu après l'effet de la première potion, on donne l'une ou l'autre des pilules suivantes, deux fois par jour, jusqu'à ce que le cours de ventre soit arrêté.

Prenez : Rhubarbe en poudre......... 10 grains.
Gomme-kino en poudre 10   —
Poudre de testacés préparés... 1 scrupule.

Formez-en une pilule avec la conserve d'églantier, *ou bien* :

Prenez : Extrait de ratanhia........... 10 grains.
Opium en poudre............. 3   —
Chaux préparée .... 1 scrupule.

Faites du tout une pilule avec la conserve d'églantier.

On peut faire usage de ces pilules dans toutes les périodes de la maladie, s'il y a dévoiement.

Lorsque la maladie commence par des convulsions ou des spasmes violents, on donnera la pilule antispasmodique qui suit, une fois par jour, jusqu'à ce que les convulsions ou accès spasmodiques aient cessé.

Pilule antispasmodique.

Prenez : Assa-fœtida.................... 1 scrupule.
        Poudre d'antimoine.......... 4 grains.
        Opium en poudre .... 2 —
        Conserve, ce qui est nécessaire pour une pilule.

On aura recours à ce remède, en tout état de la maladie, toutes les fois qu'il surviendra des convulsions.

Si la tête paraît être particulièrement affectée, il faut la bassiner à froid deux ou trois fois et pendant cinq ou dix minutes, avec de l'eau et du vinaigre en égale quantité.

Pour terminer le traitement, lorsque le chien commencera à se rétablir, on lui donnera peu de nourriture, mais de bonne qualité ; on lui fera prendre un exercice modéré ; on aura soin de bien nettoyer son chenil et d'y faire des fumigations avec les ingrédients que voici :

Fumigations.

Prenez : Sel commun.............. 4 onces.
        Nitre.................... 4 —
        Huile de vitriol.......... 4 —

Mêlez le sel et le nitre dans un vase d'argile que vous placerez dans le chenil, et versez-y graduellement l'huile de vitriol, en remuant le tout avec un bâton. Laissez ensuite le vase dans le chenil, et retirez-vous sur-le-champ, en en fermant exactement la porte, afin de ne pas respirer la vapeur malfaisante qui s'élève du mélange.

NOTE

1. — Traitement préservatif de la maladie des jeunes chiens.

Depuis Clater jusqu'à l'époque actuelle, la maladie des jeunes chiens a fait le sujet de nombreuses et savantes observations, et peu à peu des auteurs très-recommandables l'ont comparée à la petite vérole de l'homme, à la clavelée des moutons, à la gourme des poulains et peut-être même à la péripneumonie du gros bétail. Les succès de vaccination qui ont eu lieu sembleraient confirmer cette opinion.

Les premières tentatives de vaccination comme préservatif de cette maladie, furent faites dès l'année 1840 par M. Capron, chirurgien-major au 10ᵉ chasseur. Elles furent couronnées de succès, et simplement relatées dans quelques journaux de provinces. Un Anglais s'attribua le mérite de cette découverte en l'année 1850. Nous la revendiquâmes comme française dans le *Moniteur agricole*, et dès cette époque elle entra dans le domaine de la pratique.

M. Hamon, vétérinaire à Saint-Brieuc, a employé avec les plus grands succès la vaccination depuis environ dix ans, sur un très-grand nombre de jeunes chiens, et il a ajouté aux faits déjà connus, celui de prendre du virus vaccin sur l'enfant pour vacciner les chiens, de le reprendre sur le chien pour le reporter à l'enfant. C'est ce qu'il appelle la vaccination de *bras* à *pattes* et de *pattes* à *bras.* Dans l'un comme dans l'autre cas, il a obtenu les succès les plus complets.

Les boutons qui se développent chez le chien, offrent souvent du virus bon à prendre dès le troisième ou quatrième jour.

On aura, sans doute, de la répugnance à prendre du vaccin sur le chien, pour vacciner des enfants. Cependant, on ignore dans le vulgaire que le vaccin est pris sur les mamelles des vaches affectées de vaccine.

Le chien a plus de similitude d'organisation avec l'homme que la vache, et qui sait si, un jour, on ne constatera pas des qualités supérieures au virus vaccin pris sur *pattes* à *bras*, que de *bras* à *bras*.

L'inoculation du virus vaccin peut être pratiquée à la face interne des cuisses, des épaules selon la méthode Hamon ; mais nous préférons la voir pratiquer à la marge de l'anus selon la méthode Capron et la nôtre.

Avant la vaccination des chiens et même depuis cette heureuse découverte, nous avons employé avec succès les pilules préservatives de notre composition.

Pilules préservatives.

Fiel de bœuf........	30	grammes.
Aloès succotrin......	15	—
Camphre	20	—

On en fait 40 pilules qu'on donne, une le matin et une le soir à deux jours d'intervalle.

Au nombre des méthodes empiriques, préconisées par certains chasseurs, on doit placer en première ligne le sel de cuisine projeté à poignée au fond du gosier de l'animal, ce qui provoque des vomissements abondants. D'autres se contentent de mettre du soufre en poudre dans leurs boissons. Le plus grand mérite de ces derniers moyens est dans leur simplicité; s'ils ne sont pas très-efficaces, ils sont aussi peu dangereux. On ne doit leur accorder qu'une médiocre confiance.

2. — Procédé russe pour guérir la maladie des jeunes chiens.

Langenbacher, professeur à l'institut impérial de Saint-Pétersbourg, nous a envoyé une formule médicale au moyen de laquelle il guérit les chiens de la fièvre muqueuse gastro-bronchite. Voici sa formule :

```
Poudre d'ellébore blanc...........  60 grammes.
On fait bouillir cette poudre dans...    1 litre 1/2 de bière.
```

Quand cette décoction est réduite à un litre, on filtre à travers un linge.

Emploi. — On en frictionne le dos depuis les épaules jusqu'à la naissance de la queue, mais principalement la croupe et les quatre pattes. Le chien se lèche et il y a bientôt de légers vomissements. Le reste agit en excitant la peau.

Dose. — Pour la grosse race de chiens on emploie une bouteille en deux frictions à un jour d'intervalle. Pour la petite espèce la dose est de moitié moins.

Nous avons conservé toutes les formules de Clater pour combattre la maladie des jeunes chiens ; mais nous observons que ces formules sont compliquées, et nous conseillons aux amateurs d'avoir au moins autant de confiance dans les formules suivantes.

Poudre contre la maladie des chiens (BLAINE).

```
Poudre antimoniale de James.....   1 gramme.
   —    digitale. ................  50 centigrammes.
Nitre............................   2 grammes.
```

On mêle, on divise en dix doses. On en administre une chaque deux heures dans la valeur d'un verre d'eau.

Sirop de quinquina (DUPUY).

Quand la maladie des jeunes chiens est avancée, que l'écoulement des narines et l'air expiré a une odeur forte, Dupuy prescrit le sirop de quinquina, à la dose de 30 grammes, mélangé à partie égale de sirop de sucre. On en administre deux cuillerées à bouche par jour.

Poudre ferrugineuse antimoniale (ECKEL).

Quand la maladie des jeunes chiens les rend faibles et chancelants, Eckel prescrit la poudre suivante :

Poudre de squine....	5 grammes.
Sulfate de fer	40 centigrammes.
Magnésie	2 grammes.
Antimoine cru......	5 —

On mêle pour en faire une poudre homogène.

Dose. — On mêle une cuillerée à café de cette poudre avec 15 grammes de beurre et on en donne deux doses par jour.

Autre. — Pilules ferrugineuses (même cas).

Carbonate de soude......	5 grammes.
Sulfate de fer...........	5 —
Aloès	1 —
Miel	50 —

On en fait 50 pilules, et, suivant la taille du chien, on en donne depuis une jusqu'à dix.

Pilules canines vomi-purgatives.

On emploie ces pilules pour prévenir la maladie des jeunes chiens et guérir ou soulager ceux qui en sont affecté s.

Turbith minéral......   2 grammes.
Extrait de genièvre...   5   —
Poudre de valériane...   4   —

On en fait 30 pilules, qu'on administre au chien tous les jours depuis 1 jusqu'à 5, suivant la taille.

Complications de la maladie des jeunes chiens.

Les complications de cette affection sont au nombre de deux principales, l'ophthalmie et la danse de saint Guy.

1° *De l'ophthalmie suite ou symptôme de la maladie.* — Une des complications les plus fréquentes, dit Hurtel d'Arboval, est une ophthalmie qui se manifeste dans le courant de la seconde période, lorsque la maladie est arrivée à son état; elle a lieu dans les chiens dont les yeux se montrent malades et chassieux, dont les paupières sont agglutinées, collées par la chassie; les paupières sont tuméfiées, la conjonctive est irritée, les yeux sont rouges et larmoyants; la cornée est obscurcie, les humeurs de l'œil sont troubles; on y remarque de petites ulcérations qui présentent des excavations comme pour y loger la tête d'une épingle. Elles peuvent s'agrandir au point de transpercer la cornée. L'humeur aqueuse s'écoule et l'œil se perd. Plus rarement, cette ophthalmie est accompagnée d'une espèce d'amaurose ou paralysie partielle ou complète de nerf optique.

Collyre adoucissant.

Au début de l'ophthalmie, on doit employer le collyre suivant.

Eau...   500 grammes.
Acétate de plomb liquide (extrait de Saturne)...   10   —
Eau-de-vie camphrée.......................   10   —

4

On mélange, on agite chaque fois et on lotionne à froid en faisant pénétrer le liquide dans l'œil.

Si la conjonctivite devient purulente, il est avantageux d'avoir recours au collyre suivant :

> Eau................. 30 grammes.
> Nitrate d'argent..... 2   —

Dissous dans l'eau, on en lotionne non-seulement les paupières, mais on la fait pénétrer sur la conjonctive.

Quand la maladie des jeunes chiens est terminée, si on s'aperçoit qu'il y ait amaurose, c'est-à-dire une paralysie du nerf optique, si on remarque que la pupille de l'œil reste grande, ditatée et que le fond ait une apparence verdâtre, on doit recourir à la formule suivante :

Extrait de noix vomique.

De 5 à 20 centigrammes,

suivant la taille de l'animal.

On l'administre dans un verre d'eau. On peut réitérer la dose trois ou quatre fois à deux jours d'intervalle.

Poudre de noix vomique.

On peut également employer la poudre de noix vomique, à la dose de 5 à 10 centigr., suivant la taille, enveloppée dans du beurre ou de la viande.

2° *Danse de saint Guy* ou *chorée*. — A la fin de la maladie, à la dernière période, il survient souvent une complication, ensemble de phénomènes nerveux désignés sous le nom de danse de saint Guy. C'est un mélange de paralysie et de convulsion.

La chorée, ou danse de saint Guy, est caractérisée par des flexions et des extensions involontaires, par des convulsions générales ou partielles, tantôt de la tête, ou du cou, ou d'un membre, quelquefois de deux et même des quatre. Les parties qui sont le siége de ces convulsions, finissent par maigrir et s'atrophier. La paralysie complète survient quelquefois; dans cet état, le chien est impropre à aucun service, et il n'a que peu ou point d'odorat.

On a proposé et employé avec succès différentes formules propres à combattre cette affection.

1° Opium, à la dose de 5 à 20 centigrammes,

suivant la race et la taille. Son emploi doit durer environ dix jours, en laissant un jour d'intervalle. Ou :

2° Sulfate de morphine, à la dose de 2 à 10 centigrammes.

Même emploi que le précédent. Ou :

3° Vinaigre d'opium, à la dose de 5 à 10 gouttes.

Même que les précédents. On peut l'employer en frictions sur les parties affectées, mais toujours à la même dose. Ou :

Breuvage antispasmodique (ECKEL).

4° Racine de guimauve...   15 grammes.

On fait bouillir dans 500 gram. d'eau pendant un quart d'heure, on ajoute :

Racine de valériane....   15 grammes.

On fait infuser pendant un quart d'heure en vase clos. Quand la collature est refroidie, on ajoute :

Sulfate de potasse...................   40 grammes.
Teinture d'opium....................   15 gouttes.
Huile d'olive mêlée à un jaune d'œuf...   30 grammes.

On en donne deux cuillerées à bouche toutes les deux heures. Ou :

5° *Potion antispasmodique* (BLAINE).

Eau..................,..... 100 grammes.
Éther sulfurique........ 20 gouttes.
Teinture d'opium....... 20 —

On administre au chien en trois fois dans la journée.

6° *Potion antispasmodique* (MILLAR).

Assa-fœtida.............. 10 grammes.
Acétate d'ammoniaque.... 30 —
Infusion aromatique...... 100 —

On en donne une cuillerée toutes les heures au chien.

Les deux recettes suivantes ont donné de bons résultats.

7° *Arsenic, sous forme de liqueur de* FOWLER.

1 gramme par jour, pendant 30 à 40 jours.

8° Vératrine, à la dose de 5 à 8 centigrammes,

suivant la taille.

La vératrine doit être dissoute dans un verre d'eau mêlée.

On peut réitérer après cinq jours d'intervalle.

3° *Tic périodique*. — Le tic périodique chez le chien n'est pas rare. On pourrait presque l'appeler l'enfant avorté de la danse de saint Guy; cependant, il se manifeste aussi après d'autres affections aiguës des intestins ou de vers intestinaux.

Pilules contre le tic périodique.

Sulfate de quinine......... 1 gramme.
Poudre de valériane .... 5 —
Extrait de valériane........ 4 —

On en fait 20 pilules qu'on administre de deux à cinq par jour, suivant la taille du chien.

CHAPITRE VII

Cette maladie est assez commune chez les chiens. Elle s'annonce toujours par l'abattement de l'animal, que le moindre exercice excède. Avec un peu d'attention, on découvre une teinte jaunâtre répandue dans le blanc des yeux, sur les parties internes des oreilles et de la gueule, ainsi que sur toute la surface de la peau : cette nuance est surtout apparente quand le chien a le poil clair. Ces symptômes sont accompagnés de la perte de l'appétit, de soulèvements d'estomac et d'efforts pour vomir, et d'une grande constipation. On a vu des chiens attaqués de ce mal se coucher dans les champs, sans pouvoir aller plus loin, lorsqu'on les menait à la chasse.

Nous avons fait, il y a peu de temps, l'autopsie du cadavre d'un chien mort de la jaunisse. Nous avons trouvé dans la cholécyste ou vésicule du fiel quatre petites pierres, formées de cette liqueur, et arrêtées dans le canal par lequel elle s'épanche dans les intestins. L'écoulement de la bile, au lieu de se faire dans les intestins, intercepté par la présence de ces pétrifications, avait pris son cours dans les vaisseaux de la grande circulation, et produit sur la peau la couleur jaune qui s'y remarquait. Cette maladie peut aussi être l'effet d'un spasme dans le même canal, ou d'une affection du foie.

On en commencera le traitement par l'émétique suivant :

Émétique contre la jaunisse.

Prenez : Émétique .... 2 grains.
　　　　Ipécacuanha en poudre... 1 scrupule.

Composez une pilule avec de la conserve, ou bien mêlez le tout dans un gruau léger, et donnez-le tous les deux jours, trois ou quatre fois.

Le lendemain du jour où l'émétique aura produit son effet, on fera prendre la pilule ci-dessous, et on en continuera l'usage tous les trois ou quatre jours jusqu'à la guérison.

Prenez : Calomel .... 4 grains.
　　　　Rhubarbe en poudre..... 2 scrupules.
　　　　Savon de Castille........ 36 grains.

Formez-en une pilule, et donnez-la au chien.

Lorsque, dès le principe de la maladie, l'animal éprouve de la peine à respirer et manifeste de la souffrance, il faut, avant d'administrer l'émétique, lui tirer de cinq à huit onces de sang, s'il est de moyenne taille. La saignée sera même salutaire, dans tous les degrés de la maladie, si les symptômes sont violents.

NOTE

Les causes de l'ictère ou jaunisse, chez le chien, sont assez nombreuses. Telles sont les boissons froides quand il est haletant, les bains froids que l'animal recherche quand il a chaud ; les exercices violents, les chaleurs excessives, l'insolation répétée, le passage subit du chaud au froid, l'usage d'aliments trop substantiels qui disposent à l'obésité, les chenils frais et humides.

Au début de la jaunisse, on doit préférer les purgatifs doux à l'émétique prescrit par Clater : Tels sont :

Crème de tartre à la dose de... 15 grammes.
Eau............................. 1 verre.

On fait dissoudre et on administre en une seule fois. On peut le répéter pendant trois jours.

Potion purgative (ECKEL).

Sulfate de soude................. 15 grammes.
Poudre de rhubarbe de Chine.... 5 —
Eau............................. 100 —

On donne en une ou deux fois suivant la taille.

Les lavements nitrés, au nombre de deux à trois par jour, sont très-avantageux.

CHAPITRE VIII

Il est difficile de reconnaître une affection du foie dans le chien, si le mal n'a déjà fait quelque progrès : c'est alors seulement, c'est-à-dire, quand il est parvenu à un certain degré, que l'animal perd entièrement l'appétit, qu'il est tourmenté d'une soif sans cesse renaissante, et qu'il paraît dans un état continuel d'abattement. Son poil se hérisse, et ses yeux, ainsi que sa gueule, se couvrent d'une teinte jaunâtre. Il respire avec difficulté, et, après la plus petite course, il est haletant et très-fatigué. La constipation est à peu près constante ; mais parfois il survient un dévoiement accompagné de tranchées douloureuses. Lorsque la maladie se prolonge, le chien devient très-maigre, et lorsqu'elle est un peu grave, le foie acquiert du développement du côté droit. Cette affection a quelque analogie avec la jaunisse ; il y a cette différence, que l'envahissement de la dernière se fait toujours soudainement, sans apparence d'indisposition préalable, et qu'en outre elle se reconnaît, à sa naissance, par la teinte jaunâtre des yeux, des oreilles, de la gueule et de la peau. Dans les affections du foie, au contraire, tous ces symptômes se développent par degrés. L'animal devient triste, lourd, indolent et paresseux ; le poil se hérisse, et la teinte jaune est moins prononcée que dans la jaunisse.

Lorsque l'animal commence à se rétablir, on donne les pilules suivantes.

Pilule restaurative.

Prenez : Quinquina............. 1 scrupule.
Poudre aromatique...... 2 —
Poudre de gingembre ... 10 grains.
Huile de grains d'anis ... 5 gouttes.
Sirop en quantité suffisante pour la composition d'une pilule.

NOTE

Les causes de cette affection (hépatite), chez le chien, sont très-communément des coups sur l'hypocondre droit, des chutes. Cependant, elle peut se développer par suite de fatigues excessives, et comme dans la jaunisse, par suite des grandes chaleurs, des arrêts de transpiration.

La saignée est indiquée au début de la maladie ; les lavements émollients ; les cataplasmes de son bouilli avec du sel de cuisine appliqués sur le côté droit.

Moyennant l'emploi de la muselière, on peut placer un séton au poitrail du chien ; à son défaut, il faut le placer au-dessus du cou.

Pendant le cours de la maladie, il faut administrer la potion purgative d'Eckel prescrite dans la jaunisse.

CHAPITRE IX

ATTAQUES D'ÉPILEPSIE. — CONVULSIONS.

Les chiens sont très-sujets aux accès d'épilepsie. Cette maladie tient à plusieurs causes qu'il faut s'attacher à bien reconnaître, parce que les remèdes à lui opposer doivent être déterminés d'après la nature de celles qui l'ont produite. Je signalerai ces causes lorsque j'aurai parlé des symptômes. Ces derniers sont variés, et leur apparition est soudaine. Parfois le chien s'arrête tout à coup, comme s'il était effrayé, fait, un instant après, un saut de deux ou trois pieds de hauteur, et retombe aussitôt, comme s'il était frappé de mort. Tandis qu'il gît dans cet état, sa queue, ses membres, ou quelques autres parties de son corps, sont agités de mouvements convulsifs. Il arrive quelquefois que ses yeux sont tournés, et que sa face éprouve des contorsions, souvent aussi sa gueule se remplit d'écume, et il grince des dents. Il est très-haletant, la respiration est précipitée, l'estomac se soulève, et le ventre est très-dur. Quelques-uns de ces animaux éprouvent, durant les accès, de forts gonflements de poitrine, et paraissent près de suffoquer. Par intervalles, ils se lancent subitement en avant, et retombent à terre, étendus roides et sans mouvement, à l'exception des agitations convulsives de la queue, des membres ou de quelques autres parties du corps ; ils ont, en général, la gueule écumante. En pareil cas, les convulsions d'une ou de plusieurs parties du corps sont les seuls symptômes qui caractérisent le mal, car, pendant la crise, l'animal reste à peu près privé de sensibilité. Parfois, un grand abattement annonce les approches d'un accès, mais souvent il n'est précédé d'aucun symptôme.

J'ai dit précédemment qu'un accès était souvent le signe précurseur de la maladie proprement dite, et qu'il était certaines saisons où, à ce symptôme principal, se joignait le dépérissement du corps. Lorsque la maladie se prolonge, et présente un caractère grave, les accès sont fréquents et généralement d'un funeste présage. Les remèdes qui y sont applicables sont indiqués à la section qui en traite, chap. VII.

Les accès convulsifs sont parfois occasionnés par des vers qui pincent et irritent les intestins. La présence de ces animaux se décèle par des symptômes particuliers dont nous parlerons. Les moyens curatifs prescrits contre les vers sont également spécifiques dans les accès dont il est question dans ce paragraphe.

La constipation ou l'accumulation des matières impures dans les intestins, ainsi que l'irritation causée par la sortie naturelle des dents, produisent aussi ces accidents.

Une autre cause aussi très-fréquente et souvent fatale, qui donne lieu à ces attaques, est de laisser nourrir trop de jeunes chiens par les lices. Quand des cas de ce genre se rencontrent, les pilules purgatives sont moins convenables dès le principe ; il faut commencer par celles dont la recette suit.

Toutefois, si la constipation arrive après les avoir administrées deux ou trois fois, on doit faire prendre à l'animal une pleine cuillerée à bouche d'huile de castor, répétée deux ou trois fois.

Prenez : Poudre aromatique......   1 gros.
      Valériane en poudre......   1 scrupule.
      Huile de menthe.........   4 gouttes.

En composer une pilule avec la conserve de fruit, et en faire prendre trois par jour, jusqu'à ce que le malade soit mieux.

Pour les accès qui ne paraissent pas devoir être attribués aux causes ci-dessus signalées, mais seulement à l'état constitutif du chien, il faudra faire usage du traitement suivant.

Jetez de l'eau froide sur la tête de l'animal pendant l'accès, et quand il aura cessé, donnez-lui la pilule purgative. S'il se renouvelle après l'effet du remède, administrez celle que voici, une ou deux fois par jour.

Prenez : Assa-fœtida............   15 grains.
      Valériane.............   1 scrupule.
Ajoutez : Suffisante quantité de sirop ou conserve pour une
      pilule.

NOTE

L'épilepsie ou mal caduc chez le chien dépend très-rarement de son état constitutif, mais elle est assez fréquente chez les jeunes chiens, et presque toujours elle a pour cause des vers de différentes espèces, qu'on rencontre dans l'estomac, les intestins et même dans les bronches.

On ne peut se dissimuler que l'épilepsie ne soit une affection grave, rebelle, hideuse par ses symptômes et commune à l'homme et à différentes espèces animales. Elle a fait le sujet de nombreuses recherches pour en connaître le siége, les causes, et lui opposer des moyens propres à la combattre.

Les méthodes curatives qui ont donné les résultats les plus certains sont les suivantes :

Extrait de noix vomique, de 5 à 20 centigrammes.

suivant la taille, en pilules.

Pilules contre l'épilepsie des chiens (BLAINE).

    Calomel.................... 1 gramme.
    Digitale pourprée......... 1   —
    Miel...................... 20   —

On en fait 20 pilules. On en donnera de une à deux, suivant la taille, chaque matin.

Pilules au nitrate d'argent (BLAINE).
    Nitrate d'argent...... 1 gramme.
    Conserve de roses..... 10   —

On en fait 10 pilules, et on en donne de une à cinq au chien, suivant la taille.

M. Levrat, vétérinaire à Lausanne (Suisse), membre correspondant de l'Académie de médecine de Paris, a guéri l'épilepsie par :

    Acide hydrocyanique ... 4 grammes.
    Alcool................. 8   —

En une dose pour les chiens de la grosse espèce, du quart pour les petites, de moitié pour les moyennes.

Les observations les plus récentes sur le traitement de l'épilepsie sont dues à M. Luzarey, vétérinaire à Eauze, département du Gers. La recette suivante lui a réussi sur quatre chiens.

Chlorure de zinc......	10 centigrammes	pour la petite espèce.
—	15 —	pour la moyenne.
—	20 —	pour la grosse.
Avec éther muriatique.	1 gramme	pour la petite espèce.
—	1 —	1/2 pour la moyenne.
—	2 —	pour la grosse.

On mélange les deux doses de chlorure de zinc et d'éther muriatique dans un verre d'eau sucrée et on administre en trois fois dans la journée.

CHAPITRE X

Les intestins du chien sont fréquemment infestés de vers nuisibles ou incommodes. Leur existence se manifeste par les symptômes suivants. Le chien devient maigre et a l'air souffrant; il est tourmenté d'une toux sèche et d'une faim insatiable. Le double des aliments nécessaires à un chien lui suffit à peine; son poil se hérisse; il ressent des picotements continuels dans l'abdomen; les déjections alvines se font irrégulièrement; tantôt elles sont rares et pénibles, tantôt elles sont excessives et chargées de viscosités. Le ventre est souvent dur et tendu par suite d'enflure. Les vers sont aussi une cause fréquente d'accès spasmodiques chez le chien. Il arrive fréquemment qu'il en rend par les selles ou par la gueule, sans avoir été médicamenté, et sans qu'on eût même soupçonné l'existence de ces entozoaires, existence qui ne se décèle que par bien peu de symptômes difficiles à reconnaître, surtout chez les jeunes chiens, quoique pourtant leur présence soit ordinairement révélée par quelque indice résultant de leur nature essentiellement malfaisante; car ils sont toujours plus ou moins nuisibles à l'économie de l'animal, lorsqu'il en est attaqué. Ils arrêtent la croissance du jeune chien, le font dépérir, provoquent le relâ-chement des intestins, qui évacuent, avec les excré-ments, quantité de matières glaireuses. De là une faim désordonnée, et de légères crampes de bas-ventre. Les vers causent aussi chez le chien une certaine inertie, qui le rend impropre aux exercices de la chasse ; il est difficile de le rappeler à son activité naturelle, parce que son ardeur est paralysée par le mal qu'il éprouve.

Les chiens sont sujets à cinq espèces de vers. Le plus commun et le plus nuisible est un ver menu et rond, de deux pouces de long, quelquefois davantage, d'une couleur jaune pâle. Il séjourne ordinairement dans l'estomac, et l'animal le rend parfois par des vo-missements. Il en est un d'une autre espèce, c'est le ver gros et rond ; sa longueur est d'environ un pouce ; il a une teinte rougeâtre, et la tête petite. Un petit ver blanc forme la troisième espèce, la moins pernicieuse de toutes. Il se loge ordinairement dans le rectum, et le nombre en est quelquefois très-grand. On le détruit par l'usage d'un lavement composé d'une pinte de dé-coction d'absinthe dans laquelle on fait dissoudre un gros d'aloès. Les chiens sont encore tourmentés par une espèce de petits vers plats et blancs ; mais ceux-ci sont facilement détruits par les médicaments ver-mifuges.

La dernière espèce à signaler est celle du ver à ru-ban. Il est long, plat, composé d'anneaux circulaires dans une étendue d'un à trente pieds, et même au delà. Il est de couleur blanchâtre.

Je suis porté à croire que les vers sont une production de l'état impur et visqueux des intestins. Les inflammations chroniques de la membrane muqueuse de ces parties, qui sont la suite de cet état, augmentent et corrompent la sécrétion naturelle du mucus, qui, détérioré ainsi dans son principe, a la propriété d'engendrer des vers.

NOTE

Notre auteur croit que les vers sont une production de l'état *impur* et *visqueux* des intestins, mots vagues de sens, mais qui sembleraient qu'il croit à la génération spontanée, chimère qui n'a plus que quelques partisans. Il est bien constaté maintenant que le chien, de sa nature carnivore, peut manger le domicile animal de plusieurs variétés d'helminthes et se les approprier soit à l'état d'œufs, soit déjà à un commencement de développement.

Le chien mange souvent des chairs crues qui recèlent des vésicules hydatigènes, et ces hydatides, transplantées par cette voie dans leur domicile véritable, s'y développent sous forme de ténias ou vers rubanés qui atteignent la maturité sexuelle et se propagent en se multipliant. Ce ver, appelé vulgairement *solitaire,* est, au contraire, chez le chien, réuni en nombreuse société.

Aucun animal n'est peut-être aussi assujetti que le chien à être envahi par les helminthes, et cela tient sans doute à ce qu'il avale pour ainsi dire ses aliments sans les soumettre à la mastication, et son corps devient le lieu où peuvent éclore les œufs ou embryons d'une foule d'helminthes voyageurs.

Clater, aussi bien que les chasseurs anglais, n'avaient point encore été éclairés des savantes recherches des Allemands Siébold, Leuckart et Küchenmeister sur les ténias et les vers vésiculaires en général ; néanmoins, l'expérience, ce grand maître en toute chose, leur avait appris les bons effets d'une nombreuse variété de vermifuges dont ils sont peut-être prodigues, mais que nous négligeons trop en France.

Au sujet des vermifuges prescrits par Clater, et dont les recettes nous ont paru trop compliquées, nous avons cru devoir y substituer les suivantes :

Purgatif propre à préparer le chien à prendre des vermifuges.

Huile de croton....	1 goutte.
Pain...............	1 gramme.

On en fait une pilule qu'on administre la veille vers midi.

Électuaire fétide, vermifuge (ECKEL).

Poudre de racine de valériane...	15	grammes.
Nitre......................	10	—
Huile de corne-de-cerf..........	4	—
Essence de térébenthine.........	5	—
Camphre...................	5	—

On ajoute du miel en suffisante quantité pour faire une pâte liquide. On en donne deux cuillerées à café le matin et deux le soir.

Bols ou pilules canines vermifuges.

Savon empyreumatique....	10	grammes.
Calomel...	2	—
Poudre d'absinthe	5	—

Faites une masse que vous diviserez en pilules de 30 centig. La dose est d'une pilule pour les chiens de petite race et jusqu'à trois pour les plus forts par jour et pendant cinq jours.

Potion contre les ascarides du canal intestinal.

Huile de ricin,......	30 grammes.
Jaune d'œuf.........	1
Bouillon maigre	100 —

qu'on administre en une seule fois.

Pilules purgatives (BOUCHARDAT).

Aloès.................	5 grammes.
Jalap en poudre	5 —
Sirop de nerprun	q. s.

Pour en former vingt-cinq pilules, la dose est de une jusqu'à cinq, proportionnée à la taille et l'âge. On les enveloppe dans du beurre ou dans la viande pour les administrer.

Breuvage vermifuge (BOUCHARDAT).

Essence de térébenthine....	10 grammes.
Jaune d'œuf...............	1

Après quoi on ajoute :

Eau.....................	25 grammes.
Sirop de nerprun..........	25 —

On administre de force en une seule fois.
Nous recommandons particulièrement ce breuvage.

Pilules contre les vers (BLAINE).

Turbith minéral.......	1 gramme.
Limaille de fer	1 —
Thériaque	q. s.

Pour faire dix pilules. On en administre une chaque matin.

Téniafuge.

Racine fraîche d'écorce de grenadier....   64 grammes.
Eau..   750   —

On fait une décoction, et, quand le liquide est réduit
d'un tiers, on laisse refroidir. On administre en trois fois
à une heure de distance.

Autre téniafuge.

Fleurs de kousso....   1 gramme,

réduites en poudre, qu'on mélange avec du beurre.
On peut répéter la dose après deux heures.

Le koussotier est un arbre très-commun en Abyssinie,
et les Abyssins, qui font usage de viande crue, sont très-
sujets au ver solitaire. Le remède est à côté du mal.

Le rectum du chien contient souvent des vers. Eckel
prescrit les lavements suivants administrés toutes les
demi-heures.

Fleurs de camomille....................   50 grammes.
Faites infuser dans eau bouillante.....   1 litre.

Laissez refroidir en vase clos ; ajoutez à la colature :

Assa fœtida.....   10 grammes.
Huile de lin.....   60   —

Lavement ; dose d'un verre chaque fois.

Hémorrhoïdes chez le chien.

Ces maladies, chez le chien, ne sont pas communes,
cependant elles se rencontrent chez ceux qui sont bien
nourris et jouissent de trop de repos.

Onguent contre les hémorrhoïdes des chiens (BLAINE).

> Acétate de plomb........   1 gramme.
> Goudron   10   —
> Graisse de porc   30   —

Mêlez et appliquez sur l'anus deux ou trois fois par jour.

Pour en éviter le retour, on donne au chien une nourriture relâchante et de l'exercice.

Médication Raspail.

Au moins trois fois par jour on introduit dans l'anus du chien de la pommade camphrée.

Hydropisie.

L'hydropisie chez le chien se rencontre assez fréquemment. Les chiennes portières y sont plus assujetties que les autres.

1° *Aconit napel.*

Poudre fraîche, 1 gramme tous les trois jours.

2° *Teinture de colchique.*

1 gramme par jour.

3° *Breuvage de genièvre.*

> Genièvre en grains, même en feuilles.....   50 grammes.
> Eau ....   2 litres.

Infuser pendant deux heures et administrer par force un demi-litre par jour.

4° *Poudre contre l'ascite des chiens* (BLAINE).

> Poudre de digitale.........   1 gramme.
> Antimoine en poudre   1   —
> Nitrate de potasse.........   5   —

On mélange, on divise en vingt paquets. On administre de un à quatre paquets par jour suivant la taille.

5° *Infusion contre l'ascite.*

Reine des prés, fraîche....... 60 grammes.
Eau........ .... 1/2 litre.

Infuser une demi-heure et administrer cette tisane tous les jours jusqu'à guérison.

Du tétanos.

Le tétanos, chez le chien, peut se manifester après des courses violentes; par suite de son passage subit du chaud au froid ; par suite de combats à outrance; par suite d'opérations graves et douloureuses.

1° Vératrine, de 5 à 8 centigrammes dans un verre d'eau sucrée.

2° Camphre en poudre, 50 centigrammes par jour, dans du beurre.

3° *Purgatif de croton.*

Huile de croton..... 1 goutte.
Pain .... 2 grammes.
En une pilule.

4° *Friction au croton.*

Huile de croton..... 1 gramme.

On frictionne le ventre du chien au moyen d'un gant.

CHAPITRE XI

DE LA GALE.

Je vais maintenant parler de l'affection cutanée connue sous le nom de gale. On la distingue en deux espèces auxquelles les chiens sont ordinairement sujets : la première appelée simplement gale, et la seconde gale rouge, à cause de la couleur rougeâtre qu'elle imprime à la peau. Il existe une autre affection de ce genre, que nous désignons sous le nom de *rou-vieux*. Elle a quelque analogie avec la gale proprement dite, et cède aux mêmes remèdes. Il en sera, conséquemment, fait mention dans ce chapitre.

On reconnaît généralement qu'un chien est atteint d'un vice de gale, lorsqu'il se gratte continuellement. En examinant les parties affectées de la peau, on y aperçoit des pustules ou boutons qui, déchirés par le frottement, laissent échapper une humeur séreuse qui s'épaissit ensuite, se forme en croûtes et les couvre bientôt tout entières. Ces parties sont, pour l'ordi-naire, les épaules, le dos, les reins, et quelquefois les jambes.

La gale, chez certains chiens, par exemple, chez ceux de chasse habitués à une nourriture abondante, prend un caractère différent de celui qui lui est ordinaire : elle a moins de tendance à s'étendre sur la peau, et ne se montre communément qu'à quelques parties de la face de l'animal, au cou et aux articulations ; mais alors elle s'imprime plus profondément, cause une plus forte inflammation, et produit de petits ulcères d'où découle une humeur visqueuse qui, en se répandant sur la peau, la fait paraître luisante.

Je crois inutile de décrire la *gale rouge*, attendu que cette dénomination la désigne convenablement. Cette maladie attaque plus particulièrement le ventre, les cuisses, les jambes, et parfois le corps en entier. Elle occasionne sur les parties affectées une rougeur vive, semblable à celle que leur donnerait le sang près de s'échapper ; elle est accompagnée d'une grande démangeaison, et cause la chute presque totale du poil. Le moyen de la combattre est un peu différent de celui qu'on oppose à la gale ordinaire. Il est parfois nécessaire de commencer le traitement par une saignée de quelques onces, pour calmer l'irritation du sang.

Dans quelques circonstances, assez rares cependant, la gale se déclare par une forte fièvre avec tuméfaction des parties malades. L'animal ainsi attaqué est haletant, refuse la nourriture, et manifeste beaucoup de souffrance : il survient de l'enflure à certaines parties du corps, telles que la tête et le cou, et l'ulcération ne tarde pas à succéder au gonflement de ces parties.

Dans les cas de cette espèce, il faut tirer à l'animal de quatre à six onces de sang.

Le rouvieux est fort commun parmi les chiens.

Dans cette maladie, le poil se hérisse, devient sale, terne et dégoûtant ; la peau, entièrement dégarnie de poil dans divers endroits, se couvre parfois de teigne ou de rogne. Elle provient, en général, de ce que le chien est resté exposé au froid et à l'humidité, ou de ce qu'il a bu de l'eau trop vive étant très-échauffé et rendu de fatigue. Quelquefois elle est due à la disposition maladive du corps, causée par la mauvaise qualité des aliments, telle qu'une grande quantité de gruau d'avoine, de viandes salées, etc. J'ai vu aussi qu'elle était parfois la conséquence d'une autre maladie. Il est nécessaire, lorsque le chien attaqué de ce mal est habitué à une forte nourriture, de le saigner et de le purger avec le purgatif ordinaire.

Nous n'entrerons pas dans de plus grands détails sur la nature de la gale. Il est difficile de la définir d'une manière suffisante, puisqu'elle se produit également sous l'influence de deux habitudes du corps diamétralement opposées, c'est-à-dire sous celle de l'excès d'embonpoint comme sous celle de l'extrême maigreur. La nature de ces causes efficientes étant encore enveloppée d'une profonde obscurité, nous nous contentons de signaler ses effets sensibles. Ainsi, nous nous bornons à dire qu'elle altère d'une façon particulière et morbifique les qualités saines de la peau ; mais nous ne pouvons préciser avec certitude si c'est par l'accroissement ou la diminution des sécrétions qui lui sont propres.

Les chiens renfermés dans des chenils mal aérés sont particulièrement exposés aux atteintes de cette maladie. En effet, lorsqu'on néglige d'entretenir dans ces lieux une propreté régulière, l'atmosphère, se pénétrant des miasmes et des émanations qui s'exhalent de tous les corps contenus dans leur enceinte, se corrompt, et perd ses propriétés conservatrices des fonctions vitales. L'infection est pareillement une cause qui donne lieu à cette maladie : elle agit plus fortement sur certains individus que sur d'autres; il en est même sur lesquelles elle ne produit aucun effet. La gale est aussi, chez certains chiens, une maladie héréditaire, non qu'ils l'apportent en naissant, mais parce qu'ils y sont naturellement disposés lorsqu'ils proviennent d'un père ou d'une mère qui s'en trouvait infecté.

NOTE

On a cru, on a nié successivement que la gale était une affection de la peau, occasionnée par la présence d'un insecte particulier. Les recherches les plus récentes ont constaté, de la manière la plus irrécusable, la présence d'insectes qui, quoique petits, n'en ont pas moins l'apparence de certaines races d'araignées et que les naturalistes désignent sous le nom de *ciron*, acare du genre sarcopte. Les acares de la gale de l'homme, du chien, du chat, se creusent toujours des terriers ou galeries sous-épidermiques, où ils vivent et se multiplient assez rapidement. Ces galeries sous épidermiques, creusées par les acares, sont la cause des vives démangeaisons ressenties. C'est au fond de ces galeries que l'insecte pond, que l'œuf éclos étend et propage le domaine de la démangeaison.

La gale du chien peut-elle se communiquer à l'homme ?
Sous ce point de vue, il y a peut-être encore des observations à faire. Cependant, par suite d'études comparatives de l'acare de la gale de l'homme avec celui du chien,
on lui trouve une grande analogie d'organisation et de
mœurs, ce qui doit suffire pour qu'on se prémunisse
contre la contagion. Sept traités différents citent des cas
de contagion.

La gale est-elle toujours due à la contagion? On a raison
de traiter de chimère la génération spontanée des êtres
aussi bien des infiniment petits qui peuvent se soustraire
à notre vue qu'à ceux qui peuvent nous étonner par leur
masse. Certaines démangeaisons, chez le chien, peuvent
être confondues avec la gale; mais ce n'est pas la gale
proprement dite, quoiqu'on n'y rencontre aucun parasite
animé.

Causes de la gale. Sous l'influence du tempérament
lymphatique acquis par des circonstances de repos, de
bonne ou mauvaise nourriture, de logements insalubres,
la gale se développe dans des conditions extrêmes. La
continence forcée peut être mise au nombre des causes
de la gale. La lymphe, liqueur mucoso-sucrée, constitue
le régime par excellence du sarcopte de la gale et autres
animaux parasitaires. C'est dans la prédominance de la
lymphe que ces insectes trouvent les éléments propres à
favoriser leur propagation. Ceci est tellement vrai, qu'on
a pu constater que l'acare d'une espèce animale, chien,
cheval, mouton, même l'acare de la gale de l'homme,
placés sur des individus de ces différentes races et chez
qui la prédominance du sang existe, en outre, le tempérament sanguin, ces acares ne peuvent y vivre, ni s'y
multiplier; ils fuient et disparaissent pour aller chercher
un asile plus conforme à leur goût ou à leur instinct de

multiplication. Ce fait explique en quelque sorte la contagion et la non-contagion de la gale chez des individus mis en contact avec des galeux de leur race.

Il nous faut donc savoir gré à la science d'avoir découvert, décrit et pourchassé pour ainsi dire jusque dans ses repaires les plus cachés, des insectes infiniment petits, cause d'affections hideuses, et d'avoir trouvé les moyens de les détruire promptement et efficacement.

L'acare de la gale du chien, ciron ou sarcopte, appartient à la classe des arachnides, très-difficile à rencontrer, siége sur le dos, la croupe et les oreilles.

Héring le décrit : animalcule à corps rond, plus étroit en avant qu'en arrière où il est comme tronqué, presque sans poils, strié sur la surface antérieure ; il est blanchâtre. Son rostre conique, très-saillant, porte une paire de poils courts, composés d'une paire de mandibules et d'une lèvre courte. A huit pieds marginaux; les deux paires antérieures dirigées en avant et à cinq articles d'égale longueur, d'égale force ; la première paire insérée tout près du rostre ; la deuxième, à quelque distance de la première, toutes les deux terminées par un caroncule porté sur une courte tige. La troisième paire de poils est courte, épaisse, terminée par deux soies plus longues que le corps. La quatrième, située en dedans de la troisième, est à peine un quart aussi longue, n'est point visible par la face dorsale et se termine par deux poils courts. Des poils semblables sont implantés sur les articles de chaque patte.

Le bord postérieur du corps présente deux poils plus ou moins longs et deux petites papilles saillantes. Au milieu de la face ventrale est une fente transversale ; plus loin, derrière, se voit l'anus.

La longueur de l'animalcule est de 0,09 ligne, sa plus grande largeur est de 0,07.

Nous avons cru devoir supprimer les formules trop compliquées de Clater pour y substituer les moyens nouveaux reconnus plus efficaces.

Démangeaisons dartreuses des chiens.

Un des meilleurs topiques qu'on puisse employer pour apaiser presque immédiatement les démangeaisons dartreuses est le suivant :

Décoction de racine d'aunée.

Cette décoction concentrée, on en frictionne tout le corps du chien pendant deux jours, une fois chaque jour.

Bain antipsorique.

Chaux vive...............	500 grammes.
Essence de térébenthine ...	250 —
Eau.......................	150 litres.

Le bain froid peut servir pendant deux jours ; on y plonge le chien et on le lave à plusieurs reprises au moyen d'une brosse.

Lotion d'émétique.

Émétique...............	50 grammes.
Essence de lavande	10 —
Eau	1 litre.

On lotionne les parties dartreuses.

Gale des chiens.

Un des moyens les plus récemment employés avec de grands succès consiste :

1° En un bain savonneux à l'eau tiède d'une heure au

moins. On emploie une brosse douce, non-seulement pour enlever les petites croûtes, la matière furfuracée ; mais le but est aussi d'adoucir l'épiderme, de l'amincir pour ainsi dire, pour que l'application de la pommade ait plus d'efficacité contre les sarcoptes logés dans les galeries sous-épidermiques.

2° En application de la pommade suivante :

    Soufre en poudre très-fine.......   60 grammes.
    Sous-carbonate de potasse........   30   —
    Saindoux.........................   250   —

On mélange et on frictionne à la main avec la moitié de cette pommade à la sortie du bain. Cette friction doit durer au moins une demi-heure.

On doit frictionner autant de temps avec l'autre moitié, douze heures après la première friction.

Autre pommade.

    Poudre de chasse broyée....   200 grammes.
    Huile d'olive...............   500   —

On incorpore la poudre à l'huile et on en frictionne deux fois après le bain comme dans le précédent.

Huiles de cade.

Après le bain d'une heure, on frictionne le chien avec 200 gram. d'huile de cade. Cette friction se renouvelle à la même dose pendant sept à huit jours.

Lessive pour la gâle (CLATER).

Une des meilleures recettes de notre auteur est la lessive suivante :

    Racine d'ellébore blanc, broyée fraîche...   60 grammes.
    Sel ammoniac...............................   2   —
    Sublimé corrosif   1   —
    Eau réduite par l'ébullition...............   3 litres.

Liniment antipsorique (Vatel).

Savon vert............... 200 grammes.
Sulfure de potasse...... 50　—

On réduit en poudre fine le sulfure de potasse et on l'incorpore par trituration dans le savon vert. On en enduit une fois par jour les parties malades.

Gale invétérée. — *Traitement externe.*

Onguent contre la gale invétérée (Blaine).

(Bain d'une heure à l'eau de savon.)
Goudron............ 100 grammes.
Chaux.............. 50　—
Axonge............. 250　—

On mélange, et on frictionne le chien.

Traitement interne. (Poudre altérante.)

Sulfure noir de mercure...... 50 grammes.
Crème de tartre en poudre ... 50　—
Nitrate de potasse........... 10　—

On mélange, on en fait 50 paquets. On en donne un chaque matin.

Herpès ou gale rouge des chiens.

L'herpès rouge, particulier au chien, n'est pas une gale, puisqu'on n'y rencontre pas l'acare ou sarcopte. Cette affection de la peau n'en est pas moins assez commune et elle donne au chien un aspect hideux. Voici une recette qui a donné lieu à des guérisons nombreuses et bien constatées.

1° *Traitement interne* (Isnard).

Purgatif, à la dose de... 20 à 40 grammes de sulfate de soude.
Ou de................. 2 à 5　—　d'aloès.

2° Traitement externe.

Huile de cade en frictions.

Ce traitement est plus efficace et moins dangereux que les mercuriaux.

Herpès rouge commençant.

Topique.

Glycérine .... 30 grammes.
Goudron purifié.. 2   —
Poudre d'amidon, suffisante quantité pour faire une pommade molle.

Ce topique enlève les démangeaisons, dessèche les excoriations, tarit l'exhalation, résout les rougeurs sans produire d'irritation.

Herpès rouge avec ulcères.

Cet herpès offre des ulcérations dans les plis de la peau du cou, des crevasses transversales sur le dos et les lombes.

Alum............................... 25 grammes.
Acétate de plomb cristallisé...... 40   —
Eau............................... 250   —

On fait dissoudre les sels dans l'eau et on en lave les parties malades.

La mauvaise odeur particulière à ces ulcérations disparaît en quelques heures, et de bonnes granulations ne tardent pas à revêtir les parties malades.

Rouvieux du chien.

Onguent (CLATER).

Huile de vitriol..... 15 grammes.
Saindoux.......... 250   —

On mêle et on frotte pendant trois jours au moins.

CHAPITRE XII

Il n'est pas rare de voir les chiens attaqués de rhumatisme ; ceux surtout qui sont vieux et habitués à être tenus chaudement, parce qu'ils sont plus sensibles aux variations de température. Les premières impressions d'un air froid ou humide supprimant la transpiration chez eux, il en résulte des douleurs rhumatismales.

Celles-ci se font ordinairement sentir dans le dos et dans les parties postérieures. Le chien qui en est atteint se remue avec beaucoup de peine et de souffrance ; il traîne les jambes plutôt qu'il ne les lève ; car, au moindre mouvement des parties affectées, la douleur devient aiguë. Quelquefois le mal se porte en même temps sur les jambes de devant et sur celles de derrière ; alors l'animal se trouve presque entièrement privé de l'usage de ses membres.

Parfois le rhumatisme se fixe au cou et aux jambes de devant. Quand cela arrive, le cou devient roide, se penche d'un côté, et l'animal boite des jambes de devant.

Lorsque les douleurs ont disparu, les parties qui ont été affectées conservent longtemps de la faiblesse et de la roideur, quelquefois même durant toute la vie de l'animal. Néanmoins, s'il a été traité avec soin, il recouvre, après sa guérison, toute son activité. On en voit même assez communément se rétablir très-bien, sans qu'on ait eu recours à aucun médicament. Il est à remarquer que, dans les retours de cette affection, les articulations grossissent chez les vieux chiens.

Pilule pour le rhumatisme.

Prenez : Calomel................. 4 grains.
        Gaïac en poudre........ 1 scrupule.
        Opium.................. 2 grains.
        Sirop ou conserve, ce qu'il en faudra pour une pilule.

On frictionnera les parties souffrantes avec le liniment suivant, deux ou trois fois par jour, aussi long-temps qu'il sera nécessaire.

Liniment.

Prenez : Opodeldoch.............. 2 onces.
        (ou liniment de savon).
        Ammoniaque liquide....... 2 —
        Huile de térébenthine...... 2 —

Mélangez le liniment, et secouez-le pour l'usage prescrit.

NOTE

Rhumatismes articulaires.

Vératrine, de 5 à 8 centigrammes, suivant la taille, dans 1 verre
d'eau sucrée.

On peut réitérer après cinq jours d'intervalle.

C'est un des moyens les plus certains de combattre
avec succès les rhumatismes articulaires aigus.

Rhumatismes chroniques.

Liniment stimulant (BLAINE).

Baume opodeldoch liquide....... 100 grammes.
Huile de cajeput 10   —

Autre.

L'huile de laurier s'emploie en embrocations sur les parties malades.

On mêle et on frictionne les parties, siége du mal.

Ostéite *(renflement osseux des articulations)*.

Comme l'a judicieusement observé Clater, des renfle-
ments osseux se font assez souvent remarquer après les
douleurs articulaires, ce qui donne à ces affections un
aspect analogue à la goutte.

Nous avons employé le feu avec succès.

CHAPITRE XIII

La toux n'est pas toujours une des conséquences de la maladie proprement dite, ni de l'existence des vers. Le chien peut en être incommodé pour avoir pris froid étant très-échauffé après un grand exercice, ou en restant exposé aux injures d'un air vif, et à la fraîcheur d'une atmosphère humide. Celle qui provient de cette cause est plus opiniâtre et plus sérieuse que celle qui est produite par la maladie proprement dite. On la distingue parfaitement en ce qu'elle n'est pas suivie du dépérissement graduel de l'économie animale, ni accompagnée des symptômes particuliers à cette dernière affection. Lorsque la toux est causée par les vers, le poil est hérissé, et d'autres signes la caractérisent suffisamment.

Quand le mal a une certaine gravité, il est nécessaire de tenir le ventre libre en faisant avaler à l'animal une once, ou plus, d'huile de castor, et en lui donnant ensuite la pilule suivante, soir et matin.

Prenez : Nitre...................... 1 gros.
         Poudre d'antimoine .... 4 grains.
         Opium 1   —
         Baume de Lucatellus...... 1 scrupule.

Faites-en une pilule.

Si la toux est alarmante et jointe à une grande gêne de respiration, il est bon de faire une saignée de trois à cinq ou même huit onces, suivant la taille et la force du chien.

NOTE

Toux quinteuse rebelle des jeunes chiens.

Oxyde de zinc...... 2 grammes.

Dans la soupe et deux fois par jour, jusqu'à guérison. Nous recommandons tout particulièrement ce moyen comme très-efficace.

CHAPITRE XIV

MAUX D'YEUX.

Je parlerai d'abord de l'inflammation simple des yeux, c'est-à-dire, de celle qui provient, non de la maladie, mais de quelque offense extérieure, telle que celle d'une légère déchirure, d'une piqûre d'épine ou de quelque autre blessure accidentelle. Quand elle a une de ces causes pour principe, les yeux deviennent rouges, larmoyants, et les paupières sont toujours à demi fermées, pour les garantir de la vivacité et de la gênante réflexion de la lumière. La partie colorée ou transparente de l'œil, appelée la cornée, s'obscurcit, et prend souvent une teinte ardoisée, occasionnée par l'épanchement de l'humeur lymphatique que provoque la violence de l'irritation : parfois il s'y forme un abcès peu considérable, qui dégénère en ulcère ; ceci néanmoins arrive rarement dans la simple inflammation.

Cette affection cède facilement à l'usage de la lotion que nous allons indiquer, et à celui d'une pilule purgative, lorsqu'on a soin d'employer ces remèdes avant qu'elle ait fait des progrès ; mais quand le mal est devenu plus grave, il est nécessaire de faire une saignée de quatre à six onces, si le chien est de moyenne taille et en bon état : on passera ensuite un séton au cou ou un écheveau de fil dans le pavillon de l'oreille, deux fois par semaine, aussi longtemps qu'on le jugera convenable.

Dans les maux récents, on commence par bassiner les yeux deux ou trois fois par jour avec l'eau dont la recette suit, après l'avoir fait tiédir à l'avance. On en imbibe bien un linge que l'on tient sur les yeux pendant cinq ou dix minutes.

Eau pour les yeux.

Prenez : Eau de Goulard........... 1/2 once.
        Esprit-de-vin............. 2 gros.
        Eau de rose .... 4 onces.

Mêlez et secouez bien le tout pour l'usage.

Après avoir été employé tiède, pendant trois ou quatre jours, cette lotion sera ensuite appliquée froide; mais il conviendra d'en augmenter la force en y ajoutant de quatre à six grains de sucre de plomb. Si l'on soupçonne la présence de quelque corps étranger sous la paupière, on devra s'en assurer par un examen soigneux, et en faire l'extraction, si la chose est possible.

Le chien malade doit être mis à l'écart dans un lieu où ni une lumière trop vive, ni la chaleur du feu, ne puissent l'incommoder, et y rester en repos jusqu'à ce que les yeux aient retrouvé leur force. Sans ces précautions, il pourrait survenir des accidents dangereux, tels que l'interposition d'une taie ou de quelque substance opaque qui finit par éteindre totalement la vue.

Si on remarque quelque taie ou tache bourbeuse sur la cornée, on pourra la dissiper à l'aide de quelques-unes des poudres suivantes. On en soufflera un peu dans l'œil, au moyen d'un tube de plume, une ou deux fois par jour.

Prenez : Sel ammoniac............ 2 scrupules.
          Tutie 2   —
          Calomel................. 1   —

Pulvérisez le sel ammoniac et la tutie, et passez-les à travers un linge, ensuite mélangez le tout, que vous garderez dans une bouteille pour en faire usage.

NOTE

Ophthalmies chroniques, ulcères aux paupières et sur la cornée.

Collyre.

Eau douce........... 125 grammes.
Teinture d'aloès...... 10 gouttes.
Ammoniaque 4   —
Sulfate de cuivre..... 5 centigrammes.

On en verse quelques gouttes sur les parties malades.

Autre.

Sulfate de zinc ...... 1 gramme.
Eau-de-vie........... 10   —
Infusion de sureau... 100   —

On bassine les yeux quand l'inflammation commence à céder.

CHAPITRE XV

DES TIQUES ET POUX.

Ainsi que tous les animaux, le chien est sujet à être infesté de vermine. L'espèce qui s'attache à lui est appelée tique. L'animal est quelquefois tourmenté par un grand nombre de ces insectes incommodes. On l'en délivrera très-facilement au moyen de la lessive suivante ; mais, pour prévenir leur reproduction, il sera nécessaire de l'entretenir dans la plus grande propreté.

Lessive pour les tiques.

Prenez : Eau...................... 2 pintes.
        Esprit-de-vin.............. 1 once.
        Sublimé .... 1 gros 1/2.

Faites dissoudre le sublimé dans l'esprit-de-vin, et ajoutez ensuite l'eau.

On frottera l'animal, soir et matin, de cette lessive, et on aura la précaution, en le lavant, de séparer les poils, afin d'en bien pénétrer la peau.

NOTE

Les épizoaires parasites qui tourmentent les chiens, sont les poux, les ricins, les puces, les hippobosques. Ils se développent souvent d'une manière prodigieuse. Les premiers surtout font dépérir en peu de temps les jeunes chiens et finissent chez tous par altérer plus ou moins profondément les fonctions, en déterminant la maigreur, le marasme et même la mort.

Eau contre les poux (BRACY-CLARCK).

Tabac...................... 120 grammes.
Eau bouillante............ 1 litre.

On fait infuser vingt-quatre heures et on en lave le chien.

Lotion de staphysaigre, contre les poux.

Poudre de staphysaigre .... 32 grammes.
Eau........................ 1,000 —

On fait bouillir, on passe à travers un linge et on en lave le chien.

Poudre mercurielle (ECKEL) *contre tous les parasites.*

Oxyde rouge de mercure... 30 grammes.
Poudre de charbon de bois.. 10 —

On mêle et saupoudre le chien.

Eau arsenicale contre tous les parasites.

Acide arsénieux.... 2 grammes.
Eau................ 2 litres.

On fait dissoudre en agitant la bouteille et on en lave le chien. Aucune autre préparation n'est plus efficace ni moins dispendieuse.

Friture de poisson, contre tous les parasites.

Un cultivateur soigneux et intelligent du Vercellais a constaté tout récemment que l'huile d'olive, de noix, de colza ou autre, dans laquelle on a fait frire du pois-

son, jouit d'une grande efficacité pour détruire ces parasites. Ce remède est très-simple et d'une application
facile ; il suffit d'oindre les parties sur lesquelles ces insectes se sont établis pour les voir disparaître en peu de
temps et sans retour.

CHAPITRE XVI

On désigne par cette dénomination une affection
morbide et inflammatoire de l'intérieur de l'oreille.
Elle se rencontre plus fréquemment chez les chiens
bien nourris, et chez ceux qui vont naturellement
à l'eau : telles sont les races de Terre-Neuve et
autres. L'animal, affecté de ce mal, le manifeste en
secouant la tête à chaque instant, et en se grattant l'o-
reille souffrante, du côté de laquelle aussi il tient
presque toujours la tête penchée. La surface interne
de la conque de l'oreille paraît rouge et teigneuse ; on
en voit découler une humeur jaunâtre et visqueuse,
si le mal existe déjà depuis quelque temps ; et souvent
même, lorsqu'il est ancien et invétéré, les yeux seuls
paraissent en être le siége. Parfois le poil se hérisse et
la peau devient rude. Il n'est pas rare, lorsque cette
maladie est négligée ou traitée sans méthode, de voir
l'inflammation se porter sur l'organe de l'ouïe et cau-
ser la surdité.

Il est à remarquer que les exercices de la chasse,
quand en vient la saison, font disparaître cette maladie presque entièrement et même souvent tout à fait,
mais qu'elle se représente avec sa malignité primitive,

lorsque les chiens sont de nouveau renfermés et nourris avec abondance.

L'expérience nous apprend que ce mal, en attaquant plus particulièrement les chiens accoutumés à une copieuse nourriture en viande, reconnaît cependant pour cause principale l'influence nuisible de l'humidité, laquelle tend à priver l'oreille de la chaleur vitale qui les anime, surtout quand on y expose l'animal ayant extrèmement chaud. Aussi nous voyons, chez les chiens canards qui vont souvent à l'eau, les maux de cette espèce fort multipliés. En effet, une exposition continuelle aux offenses de l'humidité, en altérant l'ordre des fonctions propres aux vaisseaux répandus dans ces parties, occasionne leur relâchement. De là un afflux plus considérable de sang qui en produit l'engorgement. La même cause amène aussi des altérations dans le mode d'exercice particulier aux nerfs, de manière que ceux-ci exercent sur le sang une impression active qui détermine l'irritation.

Quand les chiens couchants, les épagneuls, etc., vont à l'eau, l'intérieur de l'oreille retient beaucoup d'humidité, et ne se sèche que longtemps après. Cette évaporation lente de l'humidité tend donc à diminuer considérablement la chaleur naturelle de cette partie. Or, nous venons de voir que le passage subit du chaud au froid était justement une cause efficiente de la maladie que nous signalons.

Quelle qu'ait été la durée du mal, la cure peut en être facilement effectuée par une diète suivie, par un exercice et des remèdes convenables. Tout le monde sait que, pendant le temps des chasses, on est obligé de préparer la pâture des chiens avec une plus grande quantité de viande ; mais, comme cette nourriture engendre un grand nombre de maladies, il faudra, aussitôt après cette saison, les soumettre à un régime moins succulent, en diminuant la quantité des substances animales, et en augmentant celle des végétales, les entretenir dans un exercice régulier et les purger. Ces moyens sont très-propres à prévenir le retour de la maladie et à en faire disparaître toutes les traces, s'il en reste encore quelques-unes. L'huile mercurielle, dont la recette suit, suffira, en général, pour obtenir la guérison, sans qu'on ait besoin de recourir à d'autres remèdes ; mais il vaut beaucoup mieux s'en tenir à une ou deux purgations, et surtout aux précautions que je viens de recommander, relativement à la diète et à l'exercice.

Prenez : Huile d'olive .... 1 once.
         Calomel .... 1 gros 1/2.

Mêlez et secouez le tout pour en faire usage.

On frottera avec cette huile les parties malades, soir et matin, pendant cinq minutes. Dans les cas rebelles, et principalement lorsque les yeux sont affectés, il est nécessaire de pratiquer un séton au cou.

NOTE

L'otite, dont parle ici notre auteur, peut être aiguë ou chronique et alors le traitement doit varier suivant l'un ou l'autre de ces états.

Dans l'un comme dans l'autre cas, il est bon d'avoir recours au *béguin*, genre de coiffure destinée à maintenir les médicaments dans l'oreille et empêcher les chiens de s'en débarrasser en secouant fortement la tête, ce qu'ils ne manquent jamais de faire. Il est même nécessaire dans quelques cas d'employer encore la muselière et des chaussons remplis de son pour les empêcher d'enlever le béguin avec les pattes.

Quand la maladie est aiguë, récente, on emploie la saignée, les injections émollientes de guimauve, on maintient dans l'oreille et au pourtour des cataplasmes émollients de farine de lin.

Quand la maladie est ancienne, qu'il y a écoulement de l'oreille, une matière furfuracée, jaunâtre, qui tapisse la face interne de la conque, quelques petits ulcères au fond, on emploie le moyen de Clater. On emploie encore avec succès contre ces affections généralement rebelles :

1° *Pommade camphrée.*

Camphre........ 5 grammes.
Axonge......... 25   —

On fait fondre l'axonge au bain-marie et on y ajoute le camphre. Refroidie, on introduit cette pommade au fond de l'oreille, on en imbibe des étoupes ou du coton qu'on maintient fixé au moyen du béguin. On continue ce pansement dix fois par jour pendant au moins quinze à vingt jours.

2° Alun en poudre fine.................   10 grammes.

Acétate de plomb cristallisé, idem....   20   —

Axonge.............................   100   —

On mélange bien exactement ; on introduit au fondde la conque et le plus loin possible, gros comme une noisette de cette pommade ; on la maintient avec du coton un peu pressé et le béguin.

Après deux jours de pansement on emploie les injections suivantes :

3° Acétate de plomb liquide...... 15 grammes.

Eau .... 1 litre.

On en lave'il ntérieur de l'oreille au moyen d'injections et on ferme l'entrée avec du coton maintenu avec le béguin.

4° *Nouveau désinfectant.*

Plâtre, réduit en poudre très-fine............ 100 parties.

Coal-tar (produit de la distillation de la houille pour la fabrication du gaz).............. 3   —

On opère le mélange dans un mortier, et comme le coal-tar est en petite quantité, c'est à peine si cette poudre est colorée, mais elle est odorante et au plus haut point désinfectante. On peut la transformer en pâte plus ou moins épaisse en y ajoutant de l'huile. Dans le cas présent, on peut introduire la poudre dans le conduit de l'oreille et la maintenir avec du coton et le béguin. Cette poudre a la propriété de désinfecter le pus et de l'absorber.

Chancres extérieurs à l'oreille.

Ce mal est plus commun que le précédent. Il n'attaque, en général, que les chiens d'arrêt et les chiens courants. Il commence, à l'extrémité inférieure de l'oreille, par une petite crevasse couverte d'écailles sèches. Cette fente ou ulcération, accompagnée d'une légère tuméfaction, est douloureuse au toucher, et cause une très-grande démangeaison, ce qui fait que l'animal secoue fréquemment la tête.

Cette maladie est, à n'en pas douter, de la même nature que celle du chancre intérieur. Si les chiens de Terre-Neuve, les chiens couchants et les épagneuls en sont exempts, c'est très-probablement parce que les oreilles, chez ces animaux, sont plus garnies de poil, et par conséquent moins susceptibles de se ressentir des changements alternatifs du chaud et du froid, cause effective de ce genre de maladie.

Les moyens curatifs, quant à ce qui concerne la nourriture et l'exercice du chien, sont les mêmes que ceux indiqués dans le chapitre précédent. On les suivra avec un soin soutenu. On trouvera, pour le traitement local, une grande vertu à la teinture astringente que nous donnons ci-après; mais pour accélérer la guérison, il sera quelquefois nécessaire de donner une ou deux purgations.

Teinture styptique ou astringente.

Prenez : Onguent égyptiac.......... 1 once.
           Huile de vitriol .... 2 gros,
           Acide nitrique............... 2 —
           Esprit de térébenthine ..... 1 once.
           Esprit-de-vin dulcifié ...... 1 —

Mêlez d'abord l'égyptiac avec un peu d'esprit de vin, ajoutez-y ensuite graduellement l'huile de vitriol, puis l'acide nitrique aussi par degrés, et enfin le reste de l'esprit-de-vin, ayant l'attention de remuer, avec un bâton ou une baguette de verre, sans discontinuer, ces ingrédients étant susceptibles de s'enflammer.

Si le mal est opiniâtre, il sera convenable d'ajouter une demi-once de beurre d'antimoine à une once et demie de la teinture astringente.

On voit quelquefois le pavillon de l'oreille enfler et se tuméfier sans ulcération préalable. Dans un tel cas, il faut faire, avec une lancette ou un canif, une forte incision pour évacuer l'humeur qui y est contenue, et panser ensuite la plaie avec une tente de charpie imbibée de la teinture astringente.

NOTE

Les chiens soumis à la chaîne pendant la saison des mouches, sont tellement harcelés par ces insectes, qu'ils finissent par succomber à leurs atteintes. On sait que ce insectes se fixent de préférence aux oreilles, donnent lieu

à des démangeaisons, à des enflures, parce que le sang
y circule avec plus d'activité par suite des secousses fréquentes de ces organes, d'où suivent souvent des chancres.

Au début de l'affection, il est avantageux d'employer
un moyen propre à enlever les démangeaisons, ce qui fait
cesser les secousses des oreilles.

1° *Pommade pour enlever les démangeaisons.*

Amidon ou fécule.....   100 grammes.
Goudron purifié........   40   —

On mélange et on en frictionne les oreilles en dedans
et en dehors. Les démangeaisons cessent presque aussitôt son application.

2° *Solution mercurielle* (BLAINE) *pour le chancre développé.*

Sublimé corrosif.....   1 gramme.
Eau distillée..........   1 litre.

On en lotionne deux fois par jour le chancre. (Emploi
du béguin.)

3° *Caustique argentique* (DELAFOND).

Cautériser les chancres avec le nitrate d'argent.

Chancres et ulcérations aux pattes.

Ce mal consiste dans la tuméfaction et l'ulcération
des doigts. Le gonflement qui l'accompagne est douloureux. Il se guérit par l'emploi du remède suivant,
appliqué deux fois par jour : Prenez teinture astringente, une once; teinture de myrrhe composée, une
once. Mêlez le tout pour vous en servir au besoin.

NOTE

Des verrues à la gueule des chiens.

Les verrues à la gueule des jeunes chiens ne sont pas rares. Cette affection, plus dégoûtante que redoutable, se remarque par une multitude de verrues plus ou moins grosses aux lèvres, à leur face interne et aux commissures. L'animal bave et éprouve quelquefois une grande difficulté de manger. Pour en débarrasser l'animal, on peut sans danger en enlever la plus grande partie, au moyen de ciseaux peu tranchants, pour éviter une trop grande perte de sang et ensuite les laver avec de l'huile de chènevis. Ce moyen seul nous a souvent réussi. On lave deux fois par jour pendant cinq à six jours.

Kystes sur les oreilles.

A la suite de coups violents sur les oreilles, ou d'une morsure d'un autre chien dont la dent aurait atteint le péricondre ou cartilage, il se développe des kystes ou tumeurs qui contiennent une sérosité jaunâtre. Ils se renouvellent fréquemment après les simples ponctions. La ponction doit se faire par emporte-pièce, mais en côte de melon ; puis pratiquer des injections à la teinture d'iode. (Appliquer ensuite le béguin.)

Injections iodées.

Teinture d'iode.... 5 grammes.
Eau.............. 10 —

Quand les kystes restent durs, on emploie les frictions de pommade hydriodatée.

Du Goître.

Cette maladie, sans être très-commune, se rencontre encore assez souvent chez le chien lévrier. Le goître est l'hypertrophie de la glande thyroïde, et on s'en aperçoit à une grosseur molle, un peu longitudinale, irrégulière, située un peu sur le côté de la gorge.

Presque toujours, ces tumeurs donnent lieu par leur compression sur la gorge à des toux quinteuses.

1° *Traitement externe.*

Eau distillée..............	1 litre.
Iodure de potassium........	8 grammes.

On fait dissoudre dans l'eau et on en frictionne le goître avec la main pendant environ dix minutes. On répète tous les jours jusqu'à guérison.

2° *Traitement interne.*

On administre la même solution à l'intérieur, en breuvage, d'environ un décilitre par jour au chien de moyenne taille.

Pilules contre le goître (BLAINE).

Éponge torréfiée.........	5 grammes.
Nitre....................	3 —
Miel....................	q. s.

Faites dix pilules. On en donnera de deux à cinq par jour.

CHAPITRE XVII

Les blessures auxquelles les chiens sont exposés sont de deux espèces : les unes sont appelées par l'auteur *plaies par instrument tranchant*; les autres, dites de *lacération*, sont le résultat de quelque accident qui occasionne le déchirement violent des chairs.

Traitement des plaies par instrument tranchant.

On commencera par arrêter l'hémorrhagie, à l'aide d'un tampon de charpie que l'on tiendra sur la plaie pendant cinq minutes. Après avoir arrêté le sang, il faut, si la blessure est large, chercher à la fermer, afin d'éviter à la nature un trop long travail de reproduction. A cet effet, et en conséquence du peu de solidité des chairs, on rapprochera les lèvres de la plaie par une suture, avec du fil et une aiguille, et on la maintiendra par quelques bandes d'emplâtre adhésif, ayant soin toutefois de laisser un peu d'espace entre chaque bande, afin de donner issue à la matière qu'elle peut rendre. Il ne sera pas nécessaire de changer les bandes avant que le pus soit formé. Alors on les enlèvera, et on pansera la plaie tous les jours avec les huiles indi-

quées ci-après. On devra replacer de nouvelles bandes
après chaque pansement. Les huiles dont il est question ici sont excellentes, et suffisent pour la guérison
des blessures légères, quelquefois même pour celles
qui sont plus considérables.

Traitement des blessures de lacération.

Le traitement à suivre est le même que pour les
bessures par instrument tranchant ; mais il faut toujours commencer par nettoyer soigneusement la plaie
avec de l'eau tiède. S'il y reste quelque écharde de bois
ou autre corps étranger, on aura soin de l'en extraire.

Huile pour les blessures.

Prenez : Goudron des Barbades .....   1/2 once.
        Térébenthine liquide   1   —
        Huile de térébenthine......   2   —
        Huile de graine de lin......   3   —

Mélangez tous ces ingrédients en les faisant chauffer
sur un feu lent. Lorsqu'ils sont tièdes, ajoutez-y une
once de teinture de myrrhe composée. Mêlez ensuite,
et gardez dans une fiole que vous secouerez bien quand
il faudra vous en servir.

NOTE

L'huile pour les blessures, prescrite par l'auteur, peut
être un excellent remède, mais il est d'une complication

telle, qu'on doit rarement en faire usage. On peut la remplacer avantageusement par l'eau-de-vie camphrée ou l'eau vulnéraire, en l'étendant de deux fois son poids d'eau.

Emplâtre adhésif.

Dans les grandes plaies, et pour maintenir les chairs rapprochées, les bandages adhésifs sont presque toujours suffisants. On emploie des bandes de toile ou de coton. Voici la composition d'un emplâtre propre à faire adhérer les bandes sur le poil.

> Poix noire .... 3 parties.
> Poix résine .... 1 —
> Goudron .... 1/2 —

On fait fondre ces matières ensemble, et, encore tout chaud, on colle successivement chaque bout de bande, ce qui donne la latitude de serrer à volonté les bords de la plaie. Les bouts de bandes sont collés, non sur la plaie, mais le plus près possible de ses bords.

Quand la suppuration commence à s'établir, pour en éloigner les mouches, pour absorber le pus, on saupoudre la plaie avec la poudre suivante :

> Plâtre en poudre fine ..... 100 parties.
> Coaltar (résidu du gaz).... 3 —

On mélange et on en poudre la plaie deux fois par jour.

CHAPITRE XVIII

On reconnaît facilement qu'il y a fracture dans un membre, à l'altération que subit sa forme, à la gêne et à l'irrégularité de ses mouvements. Comme la remise d'un os fracturé exige quelque précaution, afin d'éviter les difformités qui peuvent résulter d'une opération faite sans soin, on réussira à l'exécuter facilement en se conformant aux instructions suivantes.

Fractures du fémur.

Préparez d'abord deux petites éclisses en bois de sapin, assez longues pour atteindre d'une articulation de la cuisse à l'autre et même un peu plus. Procurez-vous aussi un morceau de cuir assez ample pour couvrir le plat extérieur de la cuisse et une partie de l'intérieur. Ces objets disposés, faites fondre dans un vase de faïence, ou tout autre propre à cela, de l'emplâtre adhésif, et quand il sera parvenu au degré de chaleur convenable, étendez-le avec une spatule sur les côtés de la cuisse, à l'endroit où doivent être placées les attelles. Faites aussitôt placer celles-ci par la personne qui vous seconde, et couvrez-les avec le morceau de cuir que l'on aura eu soin de faire chauffer préalablement. Ensuite entortillez avec régularité l'appareil d'un bourrelet de coton, mais évitez de le trop serrer, afin de ne pas arrêter le développement de l'enflure et de l'inflammation qui surviennent toujours à la suite de ces accidents. Sans cette précaution, la partie endommagée pourrait se corrompre et se mortifier.

Fractures des jambes postérieures ou inférieures.

On opère pour les ruptures de ces parties absolument de la même manière que pour celles du fémur, avec cette seule différence que le nombre des éclisses dont on soutiendra la partie fracturée, devra être de trois ou quatre.

Si le membre n'est pas rétabli exactement dans sa position naturelle, c'est-à-dire de manière que les extrémités fracturées de l'os soient parfaitement remises en contact, elles seront réunies par une substance cartilagineuse qui se formera et s'interposera dans les interstices laissés par les points de séparation.

Il faut, en pareil cas, passer un séton dans la partie cartilagineuse, et l'y laisser pendant huit ou dix jours ; on le retire ensuite, et on applique de nouveau des éclisses, etc., comme il a été prescrit ci-dessus. Cet appareil ne doit pas empêcher de promener le chien de temps en temps.

NOTE

Nous avons avec succès, remplacé ici, l'emplâtre adhésif par l'amidon. On l'emploie de la manière suivante :

On fait cuire l'amidon par la méthode des blanchisseuses, mais un peu plus liquide. On y trempe pour imbiber à fond de la filasse qu'on place en long (non entortillée autour), en suffisante quantité pour faire matelas, puis on place les éclisses en bois maintenues modérément serrées par un ruban de fil.

L'amidon ne tarde pas à sécher et à former du tout un tuyau solide qui renferme et maintient la fracture. Si après la dessiccation de l'amidon, le bandage ne paraît pas suffisamment serré, ou si un peu plus tard après le dégonflement de la partie fracturée, le bandage paraissait détendu, on introduit par le haut du bandage, et on fait couler une nouvelle préparation amidonnée qui, en séchant, serre de nouveau le bandage sans être dans l'obligation de le défaire.

Ce bandage doit rester environ trente-cinq à quarante jours.

Patte écrasée par une voiture ou par le pied d'un cheval.

Ce cas n'est pas rare, et on peut en prévenir les suites par les lotions, aussi immédiates que possible, de l'eau Saint-Jean.

Eau de Saint-Jean.

Sulfate de zinc	3 grammes.
Idem de cuivre...........	1 —
Eau	1 litre.
Stigmates de safran......	25 centigrammes.
Camphre	50 grammes.
Alcool	30 —

Après avoir lotionné la partie blessée, à diverses reprises, on en imbibe des étoupes ou une éponge qu'on fixe sur la plaie.

CHAPITRE XIX

De toutes les maladies auxquelles les chiens sont sujets, aucune n'offre un caractère aussi effrayant que la rage. Elle est heureusement très-rare. Les symptômes en sont très-variés, et dépendent beaucoup de la partie ou des parties affectées par la morsure, ainsi que de l'âge, de l'espèce du chien, et de quelques autres circonstances fortuites. On ne peut pas déterminer le temps précis que le virus hydrophobique met à se développer depuis le moment de sa communication jusqu'à celui de l'apparition du mal ; cependant on remarque en général qu'il s'opère un trouble quelconque dans l'économie de l'individu, environ trois semaines après l'inoculation du venin ; mais il manifeste quelquefois ses effets bien plus tard ; d'autres fois, au contraire, on s'en aperçoit au bout d'une semaine.

Voici les principaux symptômes qui font reconnaître cette maladie formidable. Dès le moment de la génération du mal, le chien perd sa gaieté ordinaire ; et quoiqu'il reconnaisse son maître et obéisse à sa voix, il lui fait moins de caresses que de coutume. On le voit parfois ramasser dans son chemin des brins de paille, ou tout autre objet menu ; d'autres fois, il aime à lécher le nez ou autre partie froide chez les autres chiens, ainsi que les pierres, le fer, en un mot les corps froids.

Fort souvent, la maladie rend ces animaux très-irritables, surtout lorsqu'ils sont jeunes. Cette disposition se manifeste par la grande aversion qu'ils ont pour ceux de leur espèce, et encore plus pour les chats, qu'ils poursuivent et mordent quand ils sont à leur portée.

Si on les agace avec un bâton ou toute autre chose, ils s'en saisissent et le secouent avec furie ; quelquefois l'endroit mordu est douloureux, et on remarque qu'ils le rongent continuellement ; mais le symptôme le plus fréquent et le plus caractéristique, est la perte de l'appétit. Le chien, s'il ne la refuse, prend avec répugnance la nourriture qu'on lui présente. Parfois, au contraire, il est d'une telle voracité qu'il dévore ses propres excréments, son urine, ou toutes les saletés qu'il rencontre.

On le voit souvent, poussé par une soif ardente que cause la violence de la fièvre, laper l'eau, quoiqu'il ne puisse l'avaler ; quelquefois il l'évite tout à fait, tourmenté par les douleurs de spasmes convulsifs que subit le gosier. L'estomac éprouve de fréquents soulèvements, et la constipation est opiniâtre pendant toute la durée de la maladie. Tels sont les symptômes particuliers qui en constituent le premier degré. Il est important de s'attacher à les bien connaître, parce que le chien doit être enchaîné, vu le danger qu'il y a à courir dans le cours de cette période.

Le poison poursuit sa marche avec rapidité ; ordinairement, un jour ou deux après l'apparition des symptômes susmentionnés, l'animal devient furieux et montre les dents à tout ce qui l'approche. Il est alors très-inquiet, il quitte son chenil et court droit devant lui, parfois très-vite, ne se dérangeant que pour mordre d'autres chiens, des moutons ou des bestiaux de toute espèce, très-rarement l'homme. Tantôt il a les yeux étincelants, tantôt ils sont ternes ; mais, en général, ils sont enflammés ; il a les oreilles basses, la queue serrée entre les cuisses, la langue pendante, chargée d'écume et de bave. Parfois il se pelotonne, déchiré par de violentes douleurs dans les intestins ; d'autres fois, il s'assied immobile ; souvent les jambes de derrière manquent sous lui ; il n'aboie jamais, mais pousse des hurlements lugubres, particuliers à cet état de crise ; dans certains moments, il se sauve à la vue de l'eau ; dans d'autres, il la recherche avec ardeur.

Il n'est pas rare de voir un chien atteint de ce mal, au lieu de mordre, tomber dans l'abattement, la tristesse et une profonde stupidité, et même obéir à son maître jusqu'à son dernier moment ; dans ce cas, il a les yeux mornes, et sa vue troublée lui fait voir des objets imaginaires qu'il cherche à saisir.

La mort, quand elle doit terminer la maladie, n'arrive qu'après l'entier épuisement du système organique, atteint progressivement dans toutes ses parties par l'irritation morbide et destructive du mal ; c'est alors que l'animal affaibli chancelle, s'affaisse sur ses jambes, et périt enfin accablé d'une multitude de maux et de souffrances inouïs.

Il n'est pas vrai, comme on l'a prétendu, que la rage fasse toujours mourir les chiens. L'expérience m'a prouvé le contraire. Un de mes amis avait un basset qui fut mordu par un chien enragé. Il vint me consulter pour savoir ce qu'il avait à faire. Je le priai de n'employer aucuns moyens préservatifs, ayant l'intention de suivre moi-même les progrès de la maladie. Il consentit à mes désirs, et tint son chien enfermé. Les symptômes de la rage se manifestèrent au bout d'une semaine, et le mal s'accroissant par degrés, le chien devint furieux et resta dans cet état de crise pendant deux jours ; le septième jour, la maladie le quitta et le laissa dans un complet anéantissement. Il fut parfaitement rétabli au bout de quinze jours, à dater du début de la maladie.

On ne peut douter, lorsque l'animal succombe, que sa mort ne soit l'effet de la malignité particulière du virus, qui attaque et détruit l'économie dans ses principes vitaux.

A l'ouverture des cadavres de chiens morts de la rage, les effets que l'action du virus a produits sur les viscères présentent autant de variétés et de différences que les symptômes de la maladie en laissent apercevoir pendant l'existence de l'animal. Le *pharynx*, conduit musculaire situé au fond de la bouche, qui est toujours plus ou moins enflammé dans cette maladie, est quelquefois affecté à tel point qu'il paraît d'un rouge écarlate ; souvent l'inflammation s'étend bien

avant dans le gosier; l'orifice supérieur de la trachée-
artère en est aussi atteint ordinairement; l'estomac
également est parsemé de taches d'inflammation, et
contient presque toujours un amas de matières indigestes : les intestins pareillement en laissent apercevoir
des traces plus ou moins fortes dans toute leur étendue : toujours aussi les membranes qui enveloppent le
cerveau, et le cerveau lui-même, en portent des ves-
tiges prononcés.

Nous croyons devoir présenter au lecteur quelques
explications sur la nature de la rage dans les chiens,
d'après les observations que nous avons recueillies.
Les fonctions variées et compliquées du mécanisme
animal par le concours desquels existe un être orga-
nisé sont soumises à des lois fixes et déterminées. On
ne peut douter que ces fonctions ne soient, en grande
partie, réglées par le cerveau et le système nerveux.
Or, nous supposons que la masse générale du sang,
inerte par elle-même, reçoit son principe d'action de
ces deux organes ; par conséquent, le virus introduit
par la morsure d'un chien enragé, pénétrant dans
l'organisme par un mouvement *sui generis*, c'est-à-
dire qui lui est propre, se communique au cerveau et
aux nerfs, en altère les fonctions conservatrices, et
leur imprime une nouvelle impulsion subversive et
destructive des principes de la vie. Nous sommes donc
portés à conclure de tout ce que nous venons de dire,
que la rage consiste dans un mode d'exercice tout à
fait particulier, que détermine, dans les fonctions de
l'organisme animal, la qualité d'un virus spécifique,

et c'est d'après cette supposition que nous calculons nos moyens de guérison.

Les premiers troubles que signale l'apparition de la maladie semblent être une lésion manifeste des fonctions du cerveau et des nerfs, causée par l'influence perturbatrice du venin sur ces parties ; en effet, à mesure que le mal fait des progrès, nous voyons, comme je l'ai déjà dit, un grand nombre de chiens tomber dans un abattement, une tristesse extrême, même dans une stupidité profonde. Leur regard devient inquiet, louche et timide ; les yeux sont éteints, et la vue est troublée au point que l'animal cherche à saisir des objets imaginaires ; la langue sort flasque sur une mâchoire inférieure tombante, et le chien ne peut ni aboyer ni hurler. Ces symptômes ne sont pas seulement l'effet du poison sur le cerveau, mais ils indiquent encore un état particulier d'irritation de la masse cérébrale même, irritation qui, augmentant son volume, lui fait éprouver un certain degré de compression dans son enveloppe devenue trop étroite. Il est à remarquer aussi que les membranes du cerveau, ainsi que les poumons, ont été particulièrement affectées d'inflammation lorsque, pendant le cours de la maladie, les chiens se sont montrés fort irritables, hargneux et enfin furieux ; que, dans cet état, ils ont poussé des hurlements plaintifs inaccoutumés, qu'ils ont déserté leur chenil et mordu d'autres chiens. Par l'altération des fonctions du genre nerveux, les organes de la digestion deviennent le siége de graves désordres, ainsi que les autres organes importants de l'économie ; en un mot, presque toutes les parties internes se trouvent dans un état d'inflammation qui exalte leur chaleur naturelle. Cette exaltation est causée par la réaction toujours croissante du sang, qui la reçoit lui-même de l'irritation morbide des nerfs, en raison de leur action sur ses parties constituantes.

C'est à cette chaleur surabondante de l'intérieur, à la suppression des sécrétions de la bouche, enfin à l'état particulier de l'économie, que paraît devoir être rapportée la soif ardente qui dévore l'animal. On a remarqué aussi que toutes les fois que les intestins avaient été le siége d'une forte inflammation, les parties postérieures avaient toujours été faibles, et, par cette raison, je suis porté à croire que la moelle épinière n'est pas non plus exempte d'inflammation.

La meilleure précaution à prendre contre la rage est, si le siége du mal le permet, de couper et d'enlever sur-le-champ les chairs où la morsure a été faite. En cas d'impossibilité, il faut appliquer le cautère actuel ou le caustique de Lunaire. Quelquefois la partie ou les parties mordues échappent à l'investigation que l'on fait pour les découvrir : en pareille occurrence, on aura recours à *la solution d'arsenic de Fowler*. Il faut en donner, à un chien de taille moyenne, de dix à quatorze gouttes, deux fois par jour, dans du lait ou tout autre véhicule que le chien voudra prendre ; on en continuera l'usage pendant deux ou trois semaines, si son estomac peut la supporter. Toutefois l'usage de cette solution devra être précédé de l'emploi et de l'effet de la pilule suivante :

Prenez : Précipité jaune de mercure..   3 grains.
       Aloès des Barbades...........   1 gros.

Faites-en une pilule avec sirop ou conserve.

Aux premiers indices de la maladie, on aura promptement recours, comme le moyen le plus propre à prévenir la mort de l'animal, à la saignée répétée et à la solution d'arsenic administrée jusqu'à quarante gouttes, deux ou même trois fois par jour. Mais malheureusement la difficulté est si grande, qu'on n'a encore pu attribuer aucune guérison aux moyens curatifs employés jusqu'à ce jour.

NOTE

La rage est une affection si cruelle, si dangereuse et qui fait encore annuellement de si nombreuses victimes, que nous avons cru, malgré la longue et minutieuse description qu'en donne notre auteur, devoir ajouter quelques considérations sur cet important sujet.

La rage a été très-étudiée en France, non-seulement par les médecins, mais plus encore par les vétérinaires. Malgré les recherches des hommes les plus recommandables dans les sciences médicales, les causes de la rage spontanée sont restées dans le domaine du vague et de l'incertain. Cependant on paraît avoir constaté que le nombre de chiens élevés en France était incomparablement plus nombreux que celui des chiennes, et que le défaut de coït chez un animal aussi ardent, pourrait bien être une des causes principales de cette maladie. En effet, cette affection paraît rare et pour ainsi dire inconnue dans les contrées de l'Afrique et de l'Asie, où les chiens sont libres et où il naît, suivant l'ordre de la nature, autant de femelles que de mâles.

Une autre cause, non moins certaine que la précédente, du développement spontané de la rage, serait la soif ou le défaut de boissons fraîches pendant les grandes chaleurs, et pour anéantir ou diminuer les effets de cette cause à peu près imaginaire, les lois de police ou les règlements prescrivent aux habitants des villes de placer de l'eau dans les rues pour désaltérer les chiens. Si ce moyen n'est pas efficace, il n'est pas nuisible. Les chiens des villes sont très-rarement atteints d'hydrophobie, si ce n'est quelques roquets de salons, poltrons par l'éducation et privés de chiennes. Elle est très-commune parmi les chiens de fermes isolées, privés de chiennes et fidèles gardiens, que rien ne peut distraire des importantes fonctions qui leur sont confiées. La privation du coït paraît être la cause la plus vraisemblable du développement spontané de la rage. Oserions-nous dire qu'il y aurait possibilité de réglementer le nombre des chiens comparé à celui des chiennes. Nous en émettons l'idée avec l'espoir qu'elle sera prise un jour en considération.

En ce qui concerne la rage communiquée, la cause est suffisamment connue, et on sait que le chien, par sa morsure, la communique, non-seulement à son espèce, mais à l'homme, au cheval, au bœuf, au mouton, au cochon, à la chèvre, au chat et aux volailles.

Dès l'année 1814, un médecin de Moscou, prétendit avoir découvert à la base de la langue des chiens à la veille d'être atteints d'hydrophobie, une vésicule assez petite, pleine d'une liqueur séreuse et qu'il a désignée sous le nom de *lisse* ou vésicule rabique. Il pensait que cette liqueur, sortie de la vésicule et absorbée, donnait lieu au développement des accès, et que s'il était possible de l'extraire, on préviendrait la maladie.

Notre condisciple et ami, Antonio Souarès, vétérinaire portugais, pensa aussi avoir rencontré la vésicule rabique. Cette découverte tomba dans l'oubli, ou l'existence de cette vésicule ne fut pas confirmée depuis.

1° *Traitement préventif.* — Le seul bien constaté, consiste dans la cautérisation au fer rouge des plaies profondes; quant aux plaies surperficielles, on peut les cautériser avec le chlorure de mercure (beurre d'antimoine). Cette cautérisation doit être pratiquée le plus promptement possible. M. Renault, alors directeur de l'École impériale vétérinaire d'Alfort, a constaté par de nombreuses expériences, que ce moyen devient même impuissant après quelques heures d'inoculation.

Nous ne dirons rien du chien marqué au front de la clé de saint Hubert pour le préserver de la rage, ni des omelettes préservatives composées d'œufs et de poudre de racine d'églantier, secret acheté fort cher par Louis XIV à un berger suisse, et qui jusqu'alors n'a rien préservé ; encore moins de la cendre des coquilles d'huître, et d'une foule d'autres amulettes sacrées ou profanes. Après la cautérisation, les amulettes peuvent être employées avec succès à calmer le moral de l'homme. C'est ainsi que dans notre pratique, nous avons rencontré un homme ayant mangé du lait de sa vache, soupçonnée mordue d'un chien enragé, gravement malade ; nous lui avons assuré sa guérison au moyen de pilules préservatives dont nous étions porteurs. Des pilules de mie de pain lui ont procuré un soulagement immédiat et une guérison radicale.

2° *Précautions à prendre envers les chiens.* — C'est avec raison que toutes les personnes appelées à soigner les chiens, même ceux qui ne sont que soupçonnés d'avoir été mordus, redoutent de s'en charger. Des exemples terribles ont révélé au corps des vétérinaires combien ils doivent prendre de précautions pour se garantir eux-mêmes.

La loi du 22 janvier 1791 prescrit avec sagesse l'assommement des animaux enragés et même de ceux qui sont soupçonnés d'avoir été inoculés ; cependant dans ce dernier cas, elle ne prescrit pas l'assommement officiel, elle le conseille, mais elle prescrit leur séquestration pour éviter les accidents.

Le chien soupçonné ou cautérisé, doit être attaché solidement avec une chaîne en fer d'environ 60 centimètres de longueur, dans un local sain, un peu obscur; lui fournir une abondante litière fraîche; le visiter souvent pour lui éviter les ennuis de la solitude; lui placer une demi-muselière, c'est-à-dire celle qui se fixe à la mâchoire inférieure et qui la déborde de cinq à six centimètres. Elle doit être assez serrée pour l'empêcher de mordre et pas assez pour l'empêcher de boire et de manger liquide.

3° *Alimentation*. — Pendant la durée du séquestre, qui ne peut être moindre de vingt-cinq à trente jours, on doit donner des boissons fraîches et abondantes, placées dans un vase assez profond pour que la muselière ne devienne pas un obstacle à leur préhension. Des soupes liquides, maigres ou grasses, sont également données dans des vases profonds.

De temps à autre, on doit mettre dans les soupes de 10 à 20 grammes de sulfate de soude (sel de Glauber) dans le but d'entretenir la liberté du ventre. On peut donner tous les trois jours un lavement.

Breuvage antihydrophobique (ROBIQUET).

Feuilles sèches d'anagallis (mouron rouge)... 2 poignées.
Eau.. 1 litre.

On fait infuser à l'eau bouillante et refroidie, on ajoute :

Carbonate d'ammoniaque... 10 grammes.

On administre ce breuvage trois par jour, à la dose de soixante grammes chaque fois pendant quatre à cinq jours.

4° *Traitement curatif.* — La médecine a cherché dans les méthodes rationnelles et perturbatrices des moyens de guérison. Elle a épuisé la série des calmants, les larges saignées, les bains froids, l'opium, les injections d'eau froide dans les veines et jusqu'au venin de la vipère. Vains efforts jusqu'alors. On a bien obtenu quelques soulagements momentanés, mais point de guérisons radicales. Cherchons toujours, peut-être qu'un jour nos efforts seront couronnés de succès.

En 1857, le journal russe *Mozokoi Sbornick*, publié par le comité scientifique de la marine, n° 6, de juin, parle avec le plus grand éloge d'un nommé Levachoff, du gouvernement de Riasan, qui était arrivé à sa mille sept cent quatre-vingt-dixième cure. Un officier de la marine russe, guéri par Levachoff, pense qu'il emploie pour remède, aussi bien pour les hommes que pour les animaux, des pilules faites avec de certaines plantes et une poudre d'un gris verdâtre qui paraît être le vrai remède et qu'il croit obtenue d'un insecte très-commun, la *cétoine dorée*, signalée depuis longtemps comme spécifique contre l'hydrophobie.

M. Guérin Menneville, notre sériciculteur, qui s'est

tant occupé des maladies des vers à soie, des pommes de terre et du raisin, a présenté à l'Académie des sciences, le 24 août 1857, une note relative à la *cétoine dorée*, comme spécifique probable de la rage.

« J'ai commencé à signaler cet insecte, dit M. Guérin-» Menneville, comme spécifique contre l'hydrophobie, « en janvier 1851, dans la *Revue* et *Magazin de zoologie*, « et depuis ce temps je ne cesse d'appeler l'attention des « savants sur ce grave sujet. »

Nous y appelons aussi l'attention des amateurs de chiens. La *cétoine dorée* est un insecte de la grosseur et de la forme d'un petit hanneton, de couleur d'un jaune verdâtre, à ailes ponctuées de petites taches plus foncées et qui se tient l'été dans les corolles de quelques fleurs assez grandes pour les loger.

Depuis longtemps déjà le hanneton commun, réduit en poudre, était considéré par Buc'hoz, médecin botaniste du siècle dernier, comme remède curatif de la morsure des chiens enragés.

A son aspect, la cétoine dorée paraît contenir un principe verdâtre comme la cantharide, mais d'un vert plus jaune, et ce serait l'insecte séché et réduit en poudre qu'il faudrait administrer, soit comme préservatif, soit comme curatif.

Poudre de cétoine dorée, de 1 à 2 grammes, incorporée dans la mie de pain pour en former des pilules. (Suivant la taille.)

La dose n'en paraît pas déterminée chez l'homme; mais nous pensons par l'analogie que la dose devrait être d'un demi-gramme à un gramme.

Le sujet est grave, et on nous pardonnera sans doute de mettre un peu de la médecine de l'homme avec celle du chien. C'est le chien qui communique à l'homme cette cruelle affection.

Administration des pilules aux chiens enragés. — C'est ici qu'il faut redoubler de précautions et agir avec prudence. L'opérateur ne doit porter ni plaies ni excoriations aux mains, et les bien graisser avec de l'huile. Presque toujours on est obligé, pour fixer l'animal, de se servir d'une fourche dont les cornes sont proportionnées à la grosseur de son cou, et c'est par ce moyen extrême qu'on parvient sans danger à le fixer solidement à terre, après quoi on lui met des entraves. Ainsi fixé, on lui passe autour du nez un ruban destiné à serrer les mâchoires. (*Voy.* Administration des breuvages.) Dans cette circonstance, il n'est ni facile ni possible même d'administrer des pilules ; alors, la poudre de *cétoine dorée* doit être mise dans une fiole d'eau et administrée avec les précautions indiquées. On double la dose, si le chien en perd la moitié, ce qui arrive souvent.

L'officier russe, guéri par Levachoff, raconte les extases, les effets calmants et singuliers qu'il éprouva après la prise de ce qu'il croit être la cétoine dorée.

De la Rage-mue.

La rage mue du chien n'est autre chose qu'une *angine* qui le rend muet pour ainsi dire, et par la difficulté qu'il éprouve à avaler, fait qu'il a horreur de l'eau et de tous les liquides. Dans le premier abord, on est disposé à lui croire un corps étranger arrêté dans le gosier, parce qu'il paraît employer les moyens propres pour s'en débarrasser.

Causes. — Le passage d'un air chaud à un air froid, les bains froids, qu'ils aiment à prendre étant halétants ;

le haletage prolongé pendant les grandes chaleurs. Une cause plus rare, mais que nous avons rencontrée plusieurs fois, est la présence de vers du genre douves ou facioles dans les lacunes du larynx.

Traitement. — Saignée au cou; la répéter au besoin; sétons animés sur le cou; régime complet, boissons adoucissantes au pied de veau; bains de vapeur à l'eau simple et répétés plusieurs fois par jour.

La rage mue est-elle contagieuse? — Il paraît certain que la rage mue, quoique plus *bénigne* que la rage furieuse, serait néanmoins contagieuse et pourrait donner naissance à la rage proprement dite. Le chien atteint de rage mue n'attaque pas, il est vrai, il devient donc beaucoup moins dangereux; mais les préposés aux soins du malade n'en doivent pas moins prendre de sérieuses précautions.

CHAPITRE XX

DE LA FIÈVRE.

La fièvre, comme maladie essentielle, est encore peu connue dans les animaux domestiques; aussi l'auteur n'en fait-il point mention. Il la considère sans doute comme la suite d'une irritation locale plus ou moins étendue, à laquelle on peut attribuer la production des phénomènes fébriles. C'est l'opinion assez généralement reçue aujourd'hui.

Avant d'entrer dans aucun détail sur cette maladie, il est nécessaire de faire connaître l'état du pouls propre à l'animal jouissant d'une parfaite santé et parvenu à son entière croissance; car il varie suivant l'âge et le tempérament. Dans le chien adulte et d'une force ordinaire, on compte quatre-vingts pulsations par minute, et jusqu'à quatre-vingt-dix-sept lorsqu'il est jeune et d'un tempérament vif et sanguin. Lorsqu'il est vieux et d'un tempérament lâche, cette quantité est beaucoup moins considérable; elle diminue insensiblement jusqu'à la mort de vieillesse. Ainsi, pour s'assurer de l'existence de la fièvre ou de son degré d'intensité, on tâte le chien des deux côtés vis-à-vis du cœur ou à l'artère fémorale placée en dedans de la cuisse : la vélocité et la force des battements en feront juger ; mais à ces signes particuliers il faut en ajouter de généraux, tels qu'une respiration plus ou moins laborieuse, plus ou moins fréquente, le battement du flanc, la tristesse, le bout du nez chaud et sec, la tête basse, la rougeur des yeux, la perte de l'appétit, la sécheresse de la langue, la gueule blanche et livide, et enfin l'halètement.

Si l'on reconnaît que la fièvre a son principe dans l'inflammation des poumons, de l'estomac, des intestins, etc., auquel cas elle prend le nom de fièvre inflammatoire, bilieuse, etc., on doit la guérir en combattant la maladie principale qui en est la cause ; mais si elle paraît ne dépendre ni d'une inflammation, ni d'une lésion organique quelconque, ou si elle accompagne l'un ou l'autre de ces états morbides sans en être l'effet nécessaire, le symptôme inévitable, on l'appelle fièvre simple. Les principes les plus fréquents de celle-ci sont les exercices outrés, la trop grande quantité de nourriture succulente ou échauffante, le long séjour dans des endroits bas, humides et mal aérés, et la suppression de la transpiration insensible (1).

On commencera le traitement par une saignée. Si le lendemain la fièvre continue, il faut saigner l'animal une seconde fois, lui administrer des lavements faits avec de l'eau et du son, et lui en donner au moins deux fois par jour pour le rafraîchir ; il faut aussi le tenir à la diète et lui donner pour boisson du lait

(1) La maladie appelée *fourbure* est caractérisée par les mêmes symptômes, et reconnaît les mêmes causes.

coupé ou de l'eau tiède, dans laquelle on fait fondre deux cuillerées de miel et que l'on blanchit avec la farine d'orge. Lorsque la fièvre est tombée, on donne au chien une médecine de manne fondue dans du lait, ou d'un gros de sel de Glauber fondu dans une cuillerée d'eau, ou de six gros de nerprun dans de l'eau tiède. Ces doses doivent être augmentées ou diminuées, suivant la grandeur et la force du chien. Lorsque le chien est malade à la suite de courses excessives, la saignée, les bains tièdes, les lavements émollients, et ensuite l'usage du lait coupé, le rafraîchiront et le rétabliront promptement, moyennant du repos.

CHAPITRE XXI

Il est difficile de guérir un abcès qui se forme dans le corps du chien, et de savoir en quel endroit il est placé, à moins qu'il ne soit indiqué par une tumeur externe. L'animal ne peut pas dire les sensations qu'il éprouve : c'est donc à sa manière de marcher, à la douleur qu'il manifeste dans telle ou telle partie par la pression, et enfin par les signes commémoratifs, que l'on peut deviner l'accident.

Souvent les abcès proviennent d'une mauvaise disposition du sang, surtout à la suite des affections éruptives de la peau. Dans ce cas, ils se forment sous la peau, et on les nomme *critiques*. Il en survient aussi aux brêmes par l'effet d'un engorgement laiteux. Quelquefois ils sont produits par quelques bourrades, quelques coups de pied ou une chute faite de haut. Ce qu'il y a de mieux à faire quand il arrive quelques-unes de ces dernières circonstances, c'est de tâcher de prévenir la formation d'un abcès, en saignant l'animal plusieurs fois, et en lui faisant avaler de l'eau de boule. A l'égard de ceux qui se manifestent par une tumeur apparente, il faut, après avoir coupé le poil au-dessus et autour, les frotter deux fois le jour avec une marmelade faite d'une poignée de feuilles de seneçon, que l'on aura fait cuire dans une cuillerée de saindoux, afin d'en obtenir la résolution, ou de les amener à maturité. On peut aussi appliquer des cataplasmes émollients faits avec de la farine de seigle ou de la mie de pain bien divisée, à laquelle on ajoutera la graine de lin, la pulpe de l'oignon de lis blanc, la pariétaire, toutes les espèces de mauves, les épinards, l'arroche, ou toutes autres herbes émollientes cuites dans de l'eau de racine de guimauve, et on les soutiendra par des bandages et ligatures convenables à la partie sur laquelle l'abcès se manifeste. Si la suppuration est lente à se former, on rendra les cataplasmes plus actifs, afin que l'abcès aboutisse. Le levain de pâte, et surtout la pâte de seigle, la graine de moutarde réduite en poudre, et incorporée avec la fiente de pigeon ou de vache, produiront de bons effets.

On peut encore employer utilement des substances gommo-résineuses, telles que la gomme ammoniaque, le bdellium, le sagapenum, mises en solution par le vin, et unies aux oignons cuits sous la cendre, aux savons, etc., etc.

Quand la tumeur cède sous le doigt, on l'ouvre avec le bistouri, en faisant une ouverture assez grande pour que le pus s'écoule facilement. On emploie, si l'on veut, le cautère actuel, ou le feu au moyen de pointes de fer qu'on fait chauffer à blanc, et qu'on introduit dans cet état jusque dans le foyer de l'abcès, à travers les parties qui l'empêchent de se faire jour au dehors. On préférera ce dernier moyen, lorsqu'on voudra donner un libre écoulement au pus, lorsqu'on craindra que la plaie ne se referme trop vite, et surtout lorsque l'animal est faible, et que le travail suppuratoire aura eu de la peine à s'établir.

Lorsque l'abcès se forme aux endroits chargés de graisse, ou sous de gros muscles, ou sous de fortes membranes, les maturatifs dont on vient de parler seront insuffisants pour attirer la suppuration au dehors. Si on n'emploie des moyens plus prompts, plus efficaces, le pus fait des fusées, s'ouvre des routes dans le tissu cellulaire, y établit des clapiers, et les progrès du mal augmentent visiblement chaque jour. L'art fournit une puissante ressource dans le premier moyen ; il sera donc urgent d'y avoir recours aussitôt que l'on connaîtra le véritable siége du mal.

Après l'ouverture de l'abcès, on fera écouler le pus en pressant légèrement sur les deux côtés des lèvres de la plaie, on essuiera l'ulcère avec de la filasse bien douce et très-propre, jusqu'à ce qu'il soit desséché convenablement ; on garnira ensuite la cavité de l'ulcère avec des bourdonnets ou plumasseaux de la même filasse, douce, fine et mollette. Ces plumasseaux, absorbant le pus à mesure qu'il se forme, l'empêcheront de nuire aux parties voisines. On appliquera par-dessus d'autres plumasseaux épais, trempés dans une décoction de plantes vulnéraires, on les tiendra assujettis par un bandage convenable, et on aura soin de les humecter plusieurs fois par jour sans déranger l'appareil. On pansera l'animal seulement une fois par jour ; on nettoiera bien la plaie avec la décoction vulnéraire après avoir enlevé les bourdonnets, et on la laissera le moins possible exposée à l'action de l'air. A mesure que le fond de l'ulcère se rétrécit, il faut diminuer le volume des bourdonnets, et, dans aucun cas, ne forcer pour les faire entrer, ni en employer de trop gros, parce qu'ils soulèveraient et tirailleraient trop les chairs. S'il survient des chairs baveuses sur les bords de la plaie, on les touchera avec le vitriol ou la pierre infernale, et on pansera avec des poudres stimulantes, telles que celle de quinquina, ou avec des liqueurs jouissant de la même propriété, telles que l'eau-de-vie. Si, au contraire, les bords de la plaie sont trop enflammés, on emploiera des décoctions de plantes émollientes, et même on recommencera les cataplasmes émollients.

On se sert communément, pour le pansement des ulcères, d'onguents digestifs composés d'un mélange égal de térébenthine, de jaune d'œuf cru et de miel étendu sur de la charpie ou filasse, et introduit dans la plaie. Mais la méthode curative qui vient d'être indiquée est plus simple et procure le même succès.

Il se forme aussi très-souvent des tumeurs indolentes dans le tissu de la peau ou dans le tissu cellulaire sous-cutané ; elles se développent et s'accroissent sans exciter ni douleur ni inflammation. Elles sont connues sous le nom de *loupes ;* elles sont ou graisseuses, ou de matières de différente nature, soit comme la bouillie, soit comme la matière du squirrhe, soit simplement comme une sérosité. Pour y remédier, on tâche de les amener à suppuration, en frottant sou-

vent la partie affectée, après en avoir rasé le poil, avec
l'onguent de populéum, d'althéa et de basilicum en
égale quantité, et en y appliquant des emplâtres de
savon ou de ciguë, renouvelés tous les deux ou trois
jours ; mais le moyen le plus simple, le plus prompt,
et dont le succès est le plus certain, est l'amputation.
L'opération consiste à enlever la loupe de dessus les
parties auxquelles elle adhère, en ménageant la peau
autant qu'il est possible, afin de rendre la cicatrisation
plus facile et plus prompte ; on panse la plaie alors
comme une plaie simple.

NOTE

ENGORGEMENT DES MAMELLES. — Ces engorgements sont
des affections assez communes chez les chiennes portières. L'accumulation du lait par suite de la suppression
des jeunes chiens (voyez le moyen de faire tarir le lait
des chiennes) ; les chiens déjà forts peuvent aussi blesser
les mamelles, divers coups portés sur ces parties sensibles, sont autant de causes qui peuvent donner lieu à ces
engorgements qui se présentent sous deux formes différentes :

1° *Mastoïte aiguë*. — L'engorgement est chaud, douloureux et très-sensible au toucher. Mettre la chienne au
régime, lui appliquer des cataplasmes émollients, graisser
la partie engorgée avec la pommade de peuplier.

2° *Mastoïte chronique.* — L'engorgement mammaire des
chiennes a une tendance à passer assez promptement à

l'état chronique. L'engorgement devient froid, et est peu sensible au toucher. Le traitement doit changer.

1º Pommade au deuto-iodure de mercure.

Deuto-iodure de mercure........ 10 grammes.
Axonge.......................... 200   —

On mélange et on frictionne la partie engorgée deux fois par jour après avoir mis la muselière pour empêcher l'animal de se lécher.

2º Pommade hydriodatée.

Iodure de potassium, 1 partie; dissolvez dans eau, 1 partie; mélez à 8 parties de graisse et frictionnez à la dose de 30 grammes par jour, en une fois.

Squirrhe aux mamelles. — Quand l'engorgement des mamelles ou d'une mamelle devient dur, qu'il offre des nodosités irrégulières, la tumeur devient squirrheuse, son tissu est lardacé et au centre des nodosités, il se développe une matière jaunâtre consistante. Ces tumeurs grossissent assez promptement, leur poids donne lieu à des tiraillements qui font souffrir l'animal.

Il est assez rare, qu'en cet état, on en obtienne la résolution par l'emploi des médicaments. Nous conseillons d'avoir recours à l'opération, et celle-ci, pratiquée par une main habile, réussit presque toujours.

Cancer aux mamelles. — Les tumeurs squirrheuses, si elles ne sont pas enlevées par une opération, dégénèrent en cancer, c'est-à-dire que les nodosités du squirrhe se sont abcédées et laissent suinter une humeur séro-sanguinolente. L'opération est le seul moyen ayant des chances de succès.

CHAPITRE XXII

Quand ces glandes s'enflamment et adhèrent, elles prennent le nom d'avives. L'animal alors a la tête pesante, les yeux et les vaisseaux extérieurs de la tête gonflés; il donne des marques de douleur si on touche à ces glandes; le mal s'étant accru, l'animal s'agite, se couche, reste souvent assoupi; le pouls augmente en fréquence et en plénitude; l'enflure de la tête et le gonflement des vaisseaux deviennent plus considérables; il survient même des convulsions et la mort.

Les causes des avives sont les contusions, les blessures des parotides, une exposition trop longue aux ardeurs du soleil, un exercice trop violent, un froid subit après une grande chaleur.

L'inflammation des parotides a les effets de l'apoplexie sanguine. Quand on sera sûr qu'un chien a des avives, il faudra lui tirer du sang, à plusieurs reprises, et lui donner deux lavements par jour, dont un purgatif et un émollient, et on placera un séton au cou.

On cherchera à faire résoudre les parotides, en y appliquant des étoupes trempées dans du vinaigre saturé de sel marin, ou de sel de Saturne. Ce moyen ne réussissant pas, on tâchera d'amener les glandes à suppuration par des cataplasmes de mie de pain et de lait.

Lorsque l'inflammation est la suite d'une blessure ou d'une contusion, les spiritueux, les résolutifs, et même les répercussifs conviennent ; mais il faut employer les émollients et les mucilagineux, si l'inflammation est due à quelque dépôt.

Enfin, la parotide quelquefois se termine par la suppuration ; dès qu'on sent par la fluctuation qu'elle contient du pus, on doit l'ouvrir, et panser avec le digestif recommandé pour les abcès.

CHAPITRE XXIII

DE L'ESQUINANCIE OU ÉTRANGUILLON.

Le chien est, comme l'homme, sujet à des maux de gorge inflammatoires et catarrheux. Dans l'homme, on les appelle *esquinancie*, dans les animaux, on les nomme *étranguillon*, parce que ces maux causent une suffocation, un étranglement.

Le siége de cette maladie est dans les glandes amygdales, comme celui des avives est dans les glandes parotides. Elles sont quelquefois si engorgées, que l'animal ne peut plus respirer.

Il n'est pas facile de deviner la cause de cette maladie. Elle dépend ou des variations de l'air, ou d'une eau bue trop crue, quand l'animal est très-échauffé, ou de quelque corps âcre et irritant, et plus encore d'une disposition de l'animal qui le rend susceptible de l'effet des impressions étrangères.

A l'état du pouls, à la constitution pléthorique de l'animal, à la rougeur de ses yeux et à la chaleur de sa gueule, on s'aperçoit que l'étranguillon est inflammatoire. Dans ce cas, on emploie quelques saignées, des fomentations émollientes sous le gosier. Si ce moyen est insuffisant, on a recours à la *bronchotomie* (1).

(1) Opération qui consiste à inciser la partie antérieure du cou, et à ouvrir les voies aériennes.

opération délicate qui exige des connaissances et de l'adresse.

L'étranguillon catarrheux donne bien aussi de la fièvre, et gêne la respiration ; mais l'animal n'a ni autant de chaleur, ni les yeux et la gueule aussi vermeils que dans le premier cas. On peut saigner aussi pour opérer une détente et faciliter les dégorgements ; mais on saigne une fois ou deux, tout au plus. On applique sous la gorge une peau, ou de la laine d'agneau, ou un sachet rempli de cendre de bois. La suie de cheminée formerait aussi un très-bon topique, en l'aspergeant d'alcali volatil. On pourrait la remplacer par des fomentations d'urine. On fait vomir l'animal, puis on le purge, et l'on en vient, si le tout échoue, à la *bronchotomie*.

Souvent la suppuration des amygdales termine l'étranguillon. On aide la nature, en exposant fréquemment l'animal à la vapeur de l'eau bouillante, ou à des fumigations aromatiques.

On doit bien se garder de presser et de froisser les amygdales pour en évacuer plus promptement le pus, comme cela se fait assez communément : c'est une pratique déraisonnable qui entraîne l'inconvénient de prolonger l'inflammation en la renouvelant, au lieu de hâter la guérison.

CHAPITRE XXIV

DES POLYPES.

Dans les chiennes, les polypes se développent assez souvent sur la membrane muqueuse du vagin et sur celle de l'utérus; ils augmentent sans qu'on s'en aperçoive, jusqu'au moment où ils sortent par la vulve, ou jusqu'à celui où ils laissent suinter une sanie puriforme qui coule par cette ouverture. On parvient quelquefois à les faire disparaître en les amputant, lorsqu'on peut les couper à leur base même, d'un seul coup de bistouri, et en cautérisant l'ouverture des vaisseaux qui laissent échapper trop de sang. Si l'on ne peut atteindre leur base, et qu'on ne fasse qu'en couper une partie, celle qui reste végète avec plus de force qu'auparavant, et a bientôt reproduit les mêmes accidents.

NOTE

Les polypes au vagin des chiennes ne sont point rares. On en attribue les causes aux chiens trop forts et disproportionnés aux chiennes et peut-être plus encore à leur mode d'accouplements, ce qui est cause que les chiens trop forts, pourchassés par les autres chiens ou la malice des enfants, entraînent au loin les chiennes trop faibles pour résister. Le chien trop fort et disproportionné en taille est aussi une cause fréquente de part laborieux.

Le cancer de la matrice est presque toujours accompagné de polypes au vagin. On peut en tenter la guérison, en amputant les polypes, en cautérisant les plaies au nitrate d'argent, même avec le cautère actuel, et on administre les pilules suivantes :

Pilules contre les affections cancéreuses (BLAINE).

Extrait de ciguë...... 2 grammes.
Eponge torréfiée...... 5   —

On en fait vingt pilules ; on en donne de une à deux chaque matin.

CHAPITRE XXV

DE LA RÉTENTION D'URINE.

Il n'est pas nécessaire d'entrer dans de longs détails sur cette incommodité. Si elle est produite par un simple échauffement, l'usage du lait coupé la fera disparaître ; mais s'il y a pissement de sang, et qu'on ait lieu de soupçonner qu'elle provient de quelque coup qui aurait causé l'inflammation de la vessie, alors il faut faire une saignée pour produire un relâchement général dans toute l'économie, mettre le chien aux boissons adoucissantes, dans lesquelles on étend un peu de sel de nitre, et donner des lavements émollients, tant qu'il subsiste de l'inflammation. Si elle est occasionnée par une maladie connue sous le nom de *champignon*, il n'y a pas de ressources : le chien qui en est atteint a une soif inextinguible, de fréquentes envies d'uriner, et n'expulse son urine que goutte à goutte et en petite quantité ; il dépérit chaque jour, et ne tarde pas à succomber.

A l'ouverture du cadavre, on trouve la vessie entièrement vide, ratatinée et pas plus grosse que le pouce. Dans cet état, elle ressemble en effet à un petit champignon, et c'est vraisemblablement de cette ressemblance qu'est venu le nom de la maladie.

NOTE

1° *La rétention d'urine* chez le chien a souvent pour cause l'hypertrophie de la prostate, ce qu'on peut s'assurer en sondant avec le doigt par l'anus. Dans ce cas, le ventre du chien est tendu, il jette des cris aigus ; debout, la colonne vertébrale est courbée en haut et l'urine souvent sanguinolente s'écoule goutte à goutte. Il est très-difficile d'y remédier.

2° *Le pissement de sang.* — Dans ce dernier cas, Blaine prescrit les pilules suivantes :

Cachou................	10 grammes.
Gomme arabique....	15 —
Myrrhe..............	2 —
Benjoin..............	2 —
Baume du Pérou......	2 —

On mêle avec suffisante quantité de miel pour en faire cinquante pilules. On en administre une le matin et une le soir. Ces pilules sont astringentes et balsamiques.

3° *Catarrhe vésical.* — Cette maladie n'est pas rare chez le chien ; elle se manifeste par des douleurs que l'animal éprouve en urinant ; au lieu de lever la patte comme d'habitude pour remplir cette fonction, il s'accroupit. On a employé avec succès l'essence de térébenthine pour le combattre.

Essence de térébenthine, de...	2 à 10 grammes.
Miel........................	20 —

On mélange et on administre en une seule fois. On peut réitérer cette dose de deux en deux jours pendant huit jours.

4° *Calculs dans la vessie.* — Sans être bien fréquents, les calculs se rencontrent parfois. Notre regrettable confrère et ami Lassaigne, professeur de chimie, a trouvé les calculs de la vessie du chien, composés :

D'acide urique............	62,5
Matière verte de la bile	12,1
Ammoniaque..............	25,4
	1,000

Miel térébenthiné.

Miel blanc................	4 parties.
Essence de térébenthine......	1 —

On mélange et on administre au chien soupçonné affecté de calculs, à dose de 10 à 20 grammes par jour.

Blennorrhagie préputiale.

Cette affection, très-commune et très-dégoûtante chez le chien, se manifeste par un écoulement de matière purulente plus ou moins épaisse qui a lieu par le prépuce. Le chien, qui d'habitude lèche la matière purulente de ses plaies, dédaigne souvent celle-ci.

On guérit cette blennorrhagie par des injections dans le prépuce de la liqueur de Van Swiéten.

Ligature du pénis.

La ligature du pénis, chez le chien, n'a jamais lieu que par méchanceté pendant l'acte de l'accouplement. Le pénis alors reste pendant et engorgé. Il y a rétention d'urine.

Il faut détruire la ligature, ce qui n'est pas toujours facile. On y parvient toutefois en pratiquant des mouchetures dans le corps du pénis en le pressant avec la main pour en diminuer l'engorgement et découvrir la ligature. Le chien se panse lui-même.

Amputation du pénis.

Par suite des accouplements, le chien qui, comme nous l'avons dit article *Accouplement*, est dépourvu de vésicules séminales, ce qui est la cause du mode et de la durée indispensables à la fécondation. La jalousie des autres chiens est une cause fréquente des tiraillements du pénis. C'est à la suite de ces tiraillements violents qu'on remarque souvent un relâchement du pénis tel qu'il ne peut plus rentrer complétement dans son fourreau. Le chien devient dégoûtant, moins hardi, moins ardent à la chasse et perd de sa valeur. Les lotions toniques et astringentes sont presque toujours infructueuses ; on est obligé de recourir à une amputation totale ou partielle. Le pénis du chien a pour base un os long, cannelé, qui va de la pointe au nœud d'accouplement. Son amputation a moins d'inconvénients qu'on ne le croit généralement.

CHAPITRE XXVI

Les chiens sont exposés à être piqués par des insectes, par des épines, par des instruments pointus.

La piqûre des abeilles, des guêpes et autres insectes, excite, lorsqu'elle est isolée, une simple enflure locale, qui disparaît au bout de vingt-quatre heures, plus ou moins, selon le lieu où elle a été faite, et la grosseur de l'insecte. L'eau fraîche, l'huile, et encore mieux les alcalis, affaiblissent la douleur, et ces derniers empêchent même l'enflure. Les piqûres que le chien se fait en chassant dans le fourré, ou contre les planches où il se trouve des clous, ou de toute autre manière, sont des plaies simples qui se guérissent d'elles-mêmes, ou qui n'ont besoin que d'un traitement peu compliqué, tel que des lotions d'eau de guimauve, quand il y a en même temps inflammation, ou d'eau de savon avec quelques gouttes d'eau-de-vie, s'il n'y a ni chaleur ni rougeur à la peau. Si cependant il reste dans la plaie quelque épine ou écharde qu'on n'ait pu enlever, il faut faciliter la suppuration par un emplâtre de l'onguent de vieux lard. En voici la recette :

Prenez une livre du plus vieux lard possible, faites-le fondre, mêlez-y une once de térébenthine, de basilicum et un peu de cire neuve, et remuez jusqu'à parfaite consistance. On peut substituer au basilicum et à la cire une once de vert-de-gris et une mesure d'eau-de-vie. Cet onguent est très-bon pour toutes sortes de plaies. On le conserve dans un vase de terre que l'on bouche bien, et il s'améliore en vieillissant.

Quand il résulte un abcès d'une piqûre, on emploie les moyens indiqués à l'article qui en traite.

Des morsures d'animaux venimeux.

Les suites de la morsure des vipères sont l'enflure immédiate de la partie, ensuite de tout le membre, de tout le corps, des douleurs atroces dans les articulations, la tuméfaction de la plaie et des parties voisines, et quelquefois la gangrène et la mort.

La morsure des vipères est plus dangereuse, pendant les chaleurs et dans les pays chauds, sur les très-jeunes ou très-vieux chiens; celle d'une vipère qui n'a pas mordu depuis plusieurs jours menace plus la vie que celle qui a mordu le matin. Il y a des motifs pour croire qu'elle fait plus souvent périr, en occasionnant l'enflure de la gorge, c'est-à-dire par asphyxie, que par l'effet même du venin, puisque les morsures faites aux extrémités sont plus rarement suivies de la mort que celles faites au tronc.

Les moyens les plus certains d'annuler les effets de la morsure des vipères, sont de brûler la plaie immédiatement après, si on est en mesure de le faire, soit avec un fer chauffé à blanc et introduit à plusieurs reprises au fond de tous ses sinus, soit avec la pierre à cautère, la pierre infernale et autres caustiques actifs, en se servant de ceux qui se trouvent le plus tôt sous la main, de la bassiner avec de l'ammoniaque *affaiblie*, avec des décoctions sudorifiques. Si on est en chasse, on versera sur la plaie quelques gouttes d'alcali volatil, si on en est pourvu, et on en fera la ligature avec une ficelle ou tout autre lien, afin d'empêcher l'enflure de se propager. Si l'on n'a pas pu prévenir les accidents, il faudra avoir recours aux lotions d'eau de savon animée d'eau-de-vie, et en faire trois fois par jour, ou aux antiseptiques, tels que la teinture de quinquina, de camphre et autres. On fera prendre intérieurement des infusions de fleurs de sureau, auxquelles on ajoutera, à chaque gobelet qu'on donnera, trois ou quatre gouttes d'alcali volatil, ou les mêmes remèdes antiseptiques employés extérieurement, et on continuera jusqu'à la diminution de l'enflure. Beaucoup de chasseurs font, en pareil cas, avaler au chien une préparation qu'ils assurent être d'un effet prompt et salutaire. Après avoir pilé dans un mortier des feuilles de plantain, qu'ils humectent d'une grande quantité de salive, ils en expriment le jus, et y ajoutent deux tiers d'huile d'olive. Ils en font aussi quelques lotions sur la partie affectée.

Ces mesures peuvent aussi être employées efficacement pour les morsures des chiens enragés.

Quand la plaie suppure, on se conduit comme il a été dit pour les abcès.

NOTE

Le chasseur doit toujours être pourvu d'un flacon d'ammoniaque liquide pour en appliquer sur la morsure de la vipère aussitôt qu'on s'en aperçoit. L'ammoniaque liquide cautérise les plaies toujours petites et peu apparentes. On peut cautériser avec le beurre d'antimoine avec autant de succès.

L'ammoniaque doit aussi être employée à l'intérieur à la dose de dix à douze gouttes dans un verre d'eau. C'est un stimulant diaphorétique.

Le venin de la vipère ralentit les fonctions vitales, et l'animal paraît faible et abattu.

Quand il survient des engorgements à la suite de la morsure de la vipère, on peut pratiquer avec la lancette des mouchetures, et il en sort une sérosité transparente ; on fomente toutes les heures les parties engorgées avec la solution de chlorhydrate d'ammoniaque dans cent fois son poids d'eau.

Dans les circonstances pressantes, nous avons prescrit avec succès, de coucher, d'enterrer, pour ainsi dire, le chien dans le fumier chaud d'une bergerie. Le gaz ammoniac qui s'en dégage semble rendre le sang plus liquide, plus circulatoire et on voit bientôt revenir les forces de l'animal. Après un mieux soutenu, on peut faire coucher le chien plusieurs nuits sur le fumier de mouton. Quant à la morsure de la musaraigne dont les premiers commentateurs de Clater ont parlé, il faut la ranger dans la classe des animaux venimeux imaginaires.

CHAPITRE XXVII

Les efforts sont des extensions forcées des muscles, des tendons et des ligaments des articulations, qui empêchent le mouvement dont les membres sont susceptibles.

Ces extensions peuvent être occasionnées par une chute, par un effort que fait l'animal, soit en voulant courir plus vite qu'il ne peut, soit en sautant, et par un accident, comme celui de se frapper contre un arbre, un banc, une porte, etc.

Quand un effort a eu lieu aux épaules ou à une épaule, et qu'il est récent, on se contentera de frotter la partie malade avec de l'huile de laurier, ou avec de l'eau-de-vie camphrée; on saignera et on donnera des lavements, si l'effort a été extrême; et dans tous les cas, on laissera le chien en repos. Mais si l'effort est déjà ancien, ce qui fait dire que le chien a les *épaules embarrassées*, quelques auteurs conseillent de saigner, de laisser couler le sang dans un vase, d'y mêler ensuite une demi-once d'huile de pétrole et d'aspic, une once d'huile d'hypéricum et de térébenthine et un peu d'esprit-de-vin, et de frotter la partie en tout sens, en tenant le chien au soleil, ou devant un bon feu pour l'en mieux pénétrer, et sécher le poil ensuite. Le lendemain, on réveille la charge avec du vinaigre ou de l'eau-de-vie. On donne en même temps beaucoup de repos. Cependant, si on s'aperçoit que, par l'effet de ce repos, la boiterie augmente, on fera chasser le chien, tout boiteux qu'il soit : ce moyen a plusieurs fois suffi pour débrouiller les épaules et le remettre. Les jeunes chiens, et surtout les chiens anglais, sont sujets à se prendre des épaules lorsqu'ils commencent à chasser; mais le repos, et quelques frictions faites avec de l'eau-de-vie, suffisent ordinairement pour les guérir, sans qu'ils se ressentent de cette incommodité par la suite.

Quand l'effort arrive à la cuisse, et qu'il est violent au point que le jarret touche à terre et que le chien marche dessus, ce qui fait dire qu'*un chien est allongé*, on saignera, surtout s'il y a fièvre, et on fera une charge, comme ci-dessus, pour frotter les muscles et tendons de derrière la cuisse; mais il vaut mieux appliquer des résolutifs aromatiques, tels que la sauge, l'absinthe, la lavande, le romarin, etc., qu'on fait bouillir dans du vieux oing, et dont on fomente le siége du mal trois fois par jour pendant dix minutes, ou un quart d'heure chaque fois; après quoi on fait des frictions avec de l'eau-de-vie camphrée et ammoniacale. Lorsque les parties sont un peu rétablies, on ne se sert plus que d'eau-de-vie.

Quand l'effort se sera fait sur les muscles du plat de la cuisse, ce qu'on appelle *étruffure*, on se servira des moyens précédemment indiqués; mais comme le chien tient toujours la patte en l'air dans cette sorte d'accident, on fera une petite entaille au-dessous du pied non malade, pour l'obliger à s'appuyer sur la cuisse affectée, et on le promènera de jour à autre. Si, à la première chasse que le chien fera après la guérison, la boiterie reparaît, on le laissera huit jours en repos, et on le fera chasser ensuite, quoique boiteux. Il sera bientôt obligé de se servir de sa quatrième jambe, qui reprendra nourriture, se fortifiera et reviendra à son état naturel.

Des molettes, dites boutures.

Les molettes sont de petites tumeurs molles, ordinairement indolentes, qui se rencontrent aux articulations, formées par l'accumulation de la synovie dans les capsules articulaires. Elles sont communes aux chiens et aux chevaux.

Les causes les plus ordinaires des molettes sont les grandes fatigues et un repos trop longtemps prolongé. Quand elles sont très-anciennes, elles deviennent quelquefois dures, sorte d'accident qui entraîne la cessation des mouvements des articulations et de ceux des tendons, enfin une forte boiterie incurable.

Le traitement doit être approprié aux causes qui les ont produites. L'exercice modéré convient si elles sont dues à une trop longue inaction ; mais quand elles sont dues à de trop grandes fatigues, il faut, au repos et au régime diététique, joindre des frictions, souvent répétées, avec de l'eau-de-vie camphrée, avec le liniment ammoniacal. Si ces secours sont insuffisants, il faut recourir au vésicatoire. Enfin, le dernier moyen

à employer est l'application du feu en forme de patte
d'oie avec deux petits boutons au-dessus du ligament.
On secondera son effet par des frictions suppuratives.
Si on a lieu de craindre la fièvre par suite de cette
opération, on fera une petite saignée, et on donnera
des lavements pendant les premiers jours.

De l'agravé.

L'agravé est une maladie qui survient sous les pattes
des chiens, après de longues courses sur des terrains
caillouteux ou sur la terre ou la neige dont la surface
est gelée. C'est une réunion de petites contusions qui
sont suivies d'inflammation, de suppuration, et même
d'excoriation de la peau calleuse. Cette maladie n'est
ordinairement pas dangereuse, et elle se guérit d'elle-
même ; mais, lorsqu'elle entraîne la chute des ongles,
elle se prolonge fort longtemps.

On y remédie en mettant les pieds du chien dans
des bains d'eau tiède, dans laquelle on fait infuser des
plantes émollientes, ou dans un restringent composé de
six blancs d'œuf, de suie de cheminée, de vinaigre et
de sel, ou en les entortillant de cataplasmes de mie de
pain, de graine de lin, ou d'un morceau d'étoffe im-
prégnée d'huile de verre et de laurier.

Du chien éventré.

Lorsqu'un chien a reçu une blessure dans le ventre,
et que les boyaux en sortent, il faut se hâter de les
faire rentrer en prenant toutes les précautions possi-

bles pour ne les point crever, ce qui causerait la mort de l'animal. On commencera donc par le mettre sur le dos; on lavera soigneusement les boyaux avec de l'eau tiède et un peu d'eau-de-vie, s'ils ont traîné par terre, et après les avoir essuyés doucement avec un linge propre et doux, on les remettra avec ménagement. Si l'ouverture était trop petite pour qu'ils pussent rentrer aisément, on la débriderait avec le bistouri. Les boyaux rentrés, on fait une suture avec une aiguille et du gros fil, et on panse ensuite la plaie avec l'eau de boule, ou mieux d'après les procédés indiqués au titre *Des abcès*. Quand il arrive un accident de cette sorte à la chasse, par suite d'un coup d'andouillers de cerf ou de défenses de sanglier, ou de toute autre manière, on enveloppe les boyaux dans une serviette ou mouchoir, on rapporte le chien au logis le plus vite possible, et on le traite comme il vient d'être dit.

S'il survient une hernie à la suite d'un de ces coups ou d'autres blessures, comme coups de corne de vache, du bout d'un bâton ferré, enfin, d'accidents qui intéressent les téguments ou muscles du bas-ventre, aussitôt qu'elle commencera à paraître, on fera ses efforts pour faire rentrer dans la capacité de l'abdomen les parties déplacées; pour cela, on renversera l'animal sur le dos ou sur le côté opposé à celui où se trouve la descente, on coupera la peau après l'avoir soulevée avec les doigts en faisant un pli transversal; on ouvrira les téguments avec le bistouri, afin de faciliter la rentrée de l'intestin dans le sac herniaire; après quoi on enfoncera les parties dans le ventre, et on fera de suite un point de suture. On panse la plaie comme plaie ordinaire ; on bande le chien avec du linge, et on lui met un chapelet pour l'empêcher d'y porter la dent. Cette opération demande un artiste éclairé et adroit : quelque incertain qu'en soit le succès, il vaut mieux la tenter que de laisser périr un animal auquel on tient.

Une hernie qui n'est accompagnée ni d'inflammation ni d'étranglement, peut se réduire aisément, soutenue par un bandage assez fort dont on environne le ventre et le dos. L'application d'une pelote, continuée pendant quelques mois, fait disparaître une hernie ventrale commençante.

CHAPITRE XXVIII

MÉGISSAGE DES PEAUX DE CHIENS.

Nous avons cru devoir donner les procédés simples et économiques sur l'art de mégisser les peaux de chien, soit pour les conserver comme souvenirs, soit pour en former des tapis de pied, soit enfin pour les utiliser selon les désirs et les besoins.

1° *Manière de dépouiller.* — Pour qu'une peau soit belle, il faut que le chien mort soit, non suspendu par les pattes, mais couché sur le dos étendu sur une planche. On dispose les quatre pattes en croix et on pratique la première incision de l'anus en suivant le milieu du ventre, de la poitrine et du cou jusqu'à la lèvre inférieure. La deuxième incision, derrière une des pattes de derrière, passant sur la pointe du jarret, le derrrière de la cuisse pour rejoindre la première à l'anus. Comme la patte doit rester, on dépouille les phalanges successivement, en ne laissant que la dernière ou les ongles. Pour la conservation des poils, il faut toujours pratiquer l'incision dans le sens opposé à leur direction et en dessous de la peau. Pour les pattes de devant, l'incision est la même, elle doit prendre derrière, se continuer en droite ligne sur la pointe du coudé, traverser la première pour aller jusqu'à l'autre patte. La tête doit être dépouillée avec soin pour conserver intactes les paupières, les lèvres et le bout du nez.

2° *Bain de dégorgement*. — Aussitôt la peau enlevée, on la plonge dans un grand vase plein d'eau fraîche pour en opérer ce que les mégissiers appellent bains de dégorgement, c'est-à-dire que le sang, la lymphe s'y dissolvent. Ce bain de dégorgement doit durer au moins 24 heures.

3° *Enlèvement des chairs ou dolage*. — A la sortie du bain, on place la peau, la chair en dessus, sur un bois bien rond, assez gros et au moyen d'un instrument peu tranchant, on racle, autant que possible, les chairs, en évitant les trous à la peau.

4° *Bains de mégissage*. — Pour une peau de moyenne grandeur, il faut de six à sept litres d'eau qu'on fait chauffer dans un vase et dans laquelle eau on met 500 grammes (une livre) d'alun, et une demi-livre de sel de cuisine qu'on laisse fondre et bouillir. On retire le vase du feu, et quand le bain est refroidi à y endurer la main, on y plonge la peau, puis on la pétrit dans cette eau pendant au moins 10 minutes. La peau doit rester dans le bain pendant 48 heures. Après deux jours, on retire la peau, on fait chauffer de nouveau le bain, on la plonge de nouveau en la pétrissant encore une fois pendant 10 minutes et on la laisse dans le bain encore 48 heures. Le mégissage est alors complet, mais la peau, pour devenir blanche, souple et belle, a encore besoin des opérations suivantes :

5° *Séchage de la peau*. — Retirées du bain, on fait sécher les peaux en les étendant le poil en dessous. Il faut les faire sécher assez lentement et à l'ombre ; mais comme par la dessiccation les peaux se retirent, il faut, au moins une fois par jour, leur faire subir l'opération suivante :

6° *Étendre et assouplir les peaux.* — A mesure que la peau sèche, elle devient blanche, mais elle formerait des plis et resterait dure, si on ne pratiquait une ou deux fois par jour son assouplissement en l'étendant, la tirant dans tous les sens avec les mains. C'est en quelque sorte par ce moyen qu'on parvient à rendre la peau presque uniformément épaisse partout. Voilà tout le secret du mégissier. Il reste encore quelques opérations moins importantes à faire subir à une peau avant d'être employée. Telles sont :

7° *Dégraissage des peaux.* —La peau séchée et assouplie a besoin d'être dégraissée pour sa conservation. Pour y parvenir, on étend la peau sur une planche, cette fois le poil en dessus. On la couvre de cendres tamisées à en remplir le poil, et on laisse 24 heures. Les cendres de bois contiennent des sels de potasse et de soude, qui, en se combinant avec la graisse, forment un savon, lequel savon réside dans les cendres. Les mégissiers disent: les cendres boivent la graisse. Si le terme n'est pas tiré de la chimie, il est tiré de la pratique.

8° *Battage des peaux.* — Après avoir passé 24 heures sous les cendres, on retire la peau et on la bat avec une baguette pour faire sortir du poil toute la poussière, puis on peigne le poil dans la direction naturelle.

Savon arsenical pour la conservation des dépouilles.

1° Acide arsénieux pulvérisé...............	320	grammes.
2° Carbonate de potasse desséchée........	120	—
3° Eau distillée...........................	320	—
4° Savon marbré de Marseille	320	—
5° Chaux vive en poudre fine.............	40	—
6° Camphre...............................	10	—

Mettez dans une capsule de porcelaine, d'une capacité triple, l'eau, l'acide arsénieux et le carbonate de potasse; faites chauffer en agitant souvent pour faciliter le dégagement d'acide carbonique. Continuez à chauffer, et faites bouillir légèrement jusqu'à dissolution complète de l'acide arsénieux; ajoutez alors le savon très-divisé et retirez du feu.

Lorsque la dissolution du savon est opérée, ajoutez la chaux pulvérisée et le camphre réduit en poudre par l'alcool. Achevez sa préparation en broyant le mélange sur un porphyre; renfermez-le dans un pot fermé, c'est la formule modifiée du *savon de Bécœur*, dont les naturalistes se servent pour l'empaillage des animaux.

Marquer les chiens par épilage.

Le *Rusma* ou pâte dépilatoire des Turcs, employé pour marquer les chiens, consiste dans une pâte de :

1° Blanc d'œuf........................	2	grammes.
2° Lessive des savonniers........	8	
3° Chaux vive....................	8	—
4° Orpiment.....................	1	—

On mélange, on fait une pâte qu'on applique, le poil coupé, en chiffres ou en lettres, sur une partie du corps. On laisse sécher lentement et on lave ensuite à grande eau.

MANIÈRE

DE DRESSER LES CHIENS DE CHASSE.

Bien que l'instruction contenue dans ce chapitre n'ait que des rapports fort indirects avec la matière traitée dans le corps de l'ouvrage, nous avons cru faire plaisir et en même temps être utile aux chasseurs, à qui cet ouvrage s'adresse particulièrement, en la plaçant ici. Nous les prévenons toutefois qu'elle n'est pas le résultat de notre propre expérience; mais que nous l'avons recueillie dans un ancien ouvrage de vénerie, et cela à une époque déjà assez éloignée pour nous en avoir fait oublier le titre. Quoi qu'il en soit, elle nous a paru complète, bien entendue, et susceptible d'être appliquée avec succès dans toutes les circonstances de l'éducation d'un chien. Nous n'y avons fait que de légères corrections.

Quatre races de chiens sont propres à la chasse, le *Braque*, l'*Épagneul*, le *Griffon* et le *Barbet*. Elles sont les plus intelligentes de toutes, et il n'est point de degré de perfection, dans leur éducation, auquel elles ne soient susceptibles d'atteindre.

Le *Braque* est préférable pour la plaine, l'*Épagneul* et le *Griffon* pour le bois et le marais, le *Barbet* et le *Griffon* pour les chasses sur l'eau, où il ne s'agit que d'aller chercher les oiseaux aquatiques tués par le fusil du chasseur.

Comme la première qualité d'un chien, quelle que soit la chasse à laquelle on le destine, est celle de savoir rapporter, c'est par là aussi que doit commencer son éducation ; et comme on peut et doit d'abord le faire eu jouant, on s'y prend de bonne heure, c'est-à-dire vers trois à quatre mois pour les élèves qui sont nés chez soi. Jusque-là, on s'est attaché à se faire connaître et aimer de son chien, en jouant souvent avec lui. En lui apprenant à rapporter, il ne faut pas négliger de se servir des termes convenus, afin qu'il s'habitue à les comprendre pour le moment où il s'agira de faire les choses sérieusement. Il arrive souvent qu'avant l'âge où il faut franchement s'occuper de son éducation, il sait parfaitement rapporter. Au reste, si, arrivé à ce moment, on n'avait pu obtenir assez d'obéissance pour qu'il rapportât bien, il faudrait recourir au collier de force, ainsi que nous le dirons tout à l'heure.

Pendant le même temps on peut apprendre au chien à aller à l'eau sans difficulté. Il y a des races qui, dès la première fois, y vont parfaitement, et d'autres qui montrent quelque répugnance ; cependant le *Braque*, qui de tous a le moins de disposition, y va bien aussi, quand on a su l'y habituer progressivement ; mais à l'arrière-saison, où l'eau est froide, il refuse souvent d'y aller. Il faut bien se garder de rien précipiter, et encore moins de jeter le chien à l'eau, ce qui le rebuterait pour toujours. On le mène sur le bord de l'eau un matin avant de lui avoir donné à déjeuner. On emporte du pain, et, en arrivant, on lui en présente un petit morceau pour lui faire connaître ce que c'est ; ensuite on lui en jette sur le bord de l'eau, en lui disant : APPORTE, de façon qu'il n'ait besoin, pour l'atteindre, que de se mouiller les pieds de devant. On jette ainsi des morceaux de pain successivement plus loin, en suivant une progression en rapport avec les dispositions de l'animal. En s'y prenant ainsi, et répétant plusieurs fois cette leçon, il est bien rare qu'on ne réussisse pas en peu de temps. Lorsque le chien va volontiers à l'eau et qu'il sait bien rapporter, il faut, pour lui faire comprendre ce qu'on exige de lui, mettre sur une pièce d'eau un canard auquel on a coupé une aile ; on commande au chien de l'apporter ; celui-ci se jette à l'eau et poursuit le canard qui fait tous ses efforts pour échapper, soit en nageant, soit en plongeant ; enfin, après avoir laissé durer quelques instants cet exercice, on tue le canard d'un coup de fusil et on le fait rapporter au chien. Cette leçon est essentielle à donner et à répéter plusieurs fois aux chiens que l'on destine à chasser au marais et sur l'eau.

Pendant que l'on s'occupe à donner au chien ces leçons préliminaires, il atteint un an, âge où l'on doit le dresser sérieusement, parce que, plus vieux, cela deviendrait plus difficile. Jusque-là, on n'a fait que le rendre souple et obéissant, en ayant soin de ne lui passer aucune faute, et de ne lui laisser prendre aucune mauvaise habitude. Quoique nous recommandions la douceur, il est des chiens plus difficiles à dresser les uns que les autres, et que par conséquent il faut corriger ; mais ce doit toujours être avec justice, en proportionnant le châtiment à la faute et en punissant sans colère et sans brutalité. C'est, au reste, en étudiant le caractère du chien que l'on connaîtra la manière de s'y prendre pour le dresser, et le besoin où l'on sera d'y mettre plus ou moins de rigueur.

Supposons donc que le chien n'ait pas appris à rapporter ou qu'il ne le sache qu'imparfaitement, voici comme on devra s'y prendre pour le lui enseigner. On met au cou du chien un collier de force. Le meilleur à employer est celui qui est fait en fort fil de fer, dont les chaînons, en forme de porte-agrafes, ont les deux branches courbées en dedans et aiguisées en pointes. Cette espèce de chaîne est terminée par deux anneaux en fer, dans lesquels on passe une corde d'une certaine longueur. L'extrémité qui est passée dans les anneaux forme la boucle, de façon qu'en tirant la corde on fait rapprocher les anneaux et serrer le collier, tandis que si l'on ne tire pas, le poids du collier fait écarter la boucle, et les pointes s'éloignent du cou. Ce collier est préférable à celui de cuir dans lequel on implante des clous dont la pointe pénètre à l'intérieur, parce que le cuir, étant fort et double, se sèche et se durcit, ne forme pas bien le cercle, et pique souvent le cou du chien, quand on ne le voudrait pas.

On se sert, pour faire rapporter le chien, d'un morceau de bois long de six pouces et d'un pouce d'équarrissage dont les angles sont dentelés. Aux deux extrémités, on perce deux trous en croix pour y passer deux chevilles que l'on y fait entrer jusqu'au milieu de leur longueur, de façon qu'elles débordent également de chaque côté. Ce morceau de bois s'appelle *moulinet*, nom qui lui vient de sa forme. Les dents dont ses arêtes sont garnies ont pour but de forcer le chien à ouvrir la gueule et à prendre le moulinet. Quand il lui arrive de faire difficulté pour cela, on le lui frotte légèrement contre les dents. Un autre avantage que cette forme offre encore, est d'habituer le chien à ne pas trop serrer ce qu'il rapporte, habitude bonne à lui faire contracter pour qu'il ne gâte pas le gibier. Quant aux chevilles, elles ont deux objets : le premier, c'est de soutenir un peu le moulinet au-dessus de terre pour que le chien ait plus de facilité à le saisir ; le second, pour l'empêcher de le prendre autrement que par le milieu, ce qui accoutume le chien à toujours saisir ainsi le gibier, chose nécessaire, surtout pour le lièvre.

On commence à lui présenter le moulinet, en lui disant : APPORTE. S'il le prend, on le caresse, et on le lui laisse jusqu'à ce qu'on lui dise : DONNE. S'il refuse de le prendre, on lui en frotte légèrement les lèvres et les gencives, jusqu'à ce qu'il ait ouvert la gueule et l'ait pris. Après cela, on le jette devant lui, en lui répétant : APPORTE, et on lui laisse la liberté d'aller le chercher en lui lâchant la corde. Lorsqu'il l'a ramassé, on lui dit : ICI, A MOI. S'il revient, on lui dit : DONNE. Lorsqu'il refuse d'aller chercher le moulinet, on le conduit auprès, en le tirant à soi avec le collier de force, on lui baisse le nez dessus, en lui répétant : APPORTE, et s'il ne le prend pas de lui-même, on l'y force, comme nous l'avons dit tout à l'heure. On répète cette leçon autant de fois que cela est nécessaire pour que le chien l'exécute sans faute, en ayant soin de le caresser chaque fois qu'il fait bien. On ne doit pas souffrir qu'il lâche le moulinet avant qu'on lui ait dit : DONNE, et quand cela lui arrive, il faut le corriger par une saccade du collier de force et le lui faire reprendre.

Quelques chasseurs se contentent de cette manière de rapporter et n'exigent pas autre chose de leur chien, parce qu'ils se baissent pour prendre le gibier qu'il leur rapporte, afin de ne pas les habituer à sauter contre eux. D'autres ne veulent rien prendre de leur chien qu'il ne soit assis sur le cul. Alors, après lui avoir dit : Ici, à moi, et lorsqu'il est près d'eux, ils lui crient : Assis, et les deux ou trois premières fois, on l'aide à se mettre sur le cul, afin qu'il comprenne ce qu'on exige de lui, et lorsqu'il a pris cette position, ils lui disent : Donne.

D'autres, encore plus exigeants, veulent une manière plus élégante de faire rapporter ; elle consiste à obliger leur chien à se lever sur les pattes de derrière, à tourner le dos à son maître, et à lui donner dans cette position ce qu'il rapporte. Quoique nous ne soyons pas d'avis de tourmenter un animal pour exiger de lui des choses difficiles et le plus souvent inutiles, nous allons cependant indiquer la méthode à suivre dans ce cas, pour la satisfaction de ceux qui voudront la mettre en pratique.

Lorsque le chien sait rapporter et s'asseoir, et qu'il a pris cette dernière position, on lui fait lever l'avant-train, et en le conduisant avec la main, on lui fait faire demi-tour, de façon qu'il tourne le dos à son maître, et on lui dit : Donne. A force de lui répéter cette leçon, on parvient, avec de la patience, à lui faire présenter ainsi le moulinet. On doit, comme nous l'avons dit, ne pas permettre que le chien abandonne ce qu'il apporte avant le commandement de Donne ; mais il faut veiller également à ce qu'il ne retienne pas ce qu'il apporte, ce qui l'habituerait à serrer et à avoir la dent dure. Il faut donc le corriger lorsque cela lui arrive, et l'amener à rapporter un œuf sans le casser.

Il faut ensuite lui apprendre à se coucher à terre sur le ventre, les jambes de derrière ployées sous lui, et celles de devant allongées. Pour lui faire prendre cette attitude, on lui crie : A TERRE, d'une voix forte et menaçante. Après avoir habitué le chien à se mettre à terre au commandement, on le lui fait exécuter plusieurs fois en accompagnant les paroles du mouvement de lever les bras, comme si on allait tirer. Peu à peu le chien prend une telle habitude, que le mouvement des bras, sans prononcer les mots A TERRE, suffit pour le faire coucher. Cette leçon a pour but de rendre toujours le chasseur maître de son chien. Quête-t-il d'une manière trop vive et trop étourdie, le chasseur, après lui avoir crié : DOUCEMENT, peut le faire coucher à l'instant même, en lui criant : A TERRE. Si le chien n'obéit pas, ces mots répétés avec une intonation plus forte doivent produire sur le chien le plus prompt effet. S'emporte-t-il à courir un lièvre ou une perdrix ou un animal domestique quelconque, tels que les volailles, les moutons, etc., ce même commandement l'arrêtera comme si on lui coupait les jarrets. Il pourra enfin être employé encore, lorsque le chien courra au coup de fusil d'un autre chasseur, habitude que beaucoup de chiens sont susceptibles de contracter. Il faut aussi les premières fois aider l'animal à prendre cette attitude.

Non-seulement on exige que le chien se couche, mais encore qu'il reste dans cette position jusqu'à ce que son maître lui permette de la quitter en lui disant : A moi. Ainsi, après lui avoir crié : A terre, on s'éloigne de lui à une distance plus ou moins grande, sans permettre aucun mouvement qu'après lui avoir dit : A moi. Le chasseur trouvera donc encore dans cette leçon le moyen de se débarrasser de son chien pour un instant qu'il voudra employer à reconnaître quelque chose, et où l'ardeur de l'animal pourrait lui être nuisible.

Il y a des chiens qui forment naturellement l'arrêt, et d'autres qui ont assez de peine à l'apprendre. Pour y parvenir, il faut répéter souvent la leçon du Tout beau. Voici en quoi elle consiste. Avant même d'en venir à cette leçon, on a pu la lui faire comprendre, si, chaque fois qu'on lui a donné à manger, on a eu soin de lui faire garder sa nourriture, en lui criant : Tout beau, et ne lui permettant d'y toucher qu'après avoir prononcé le mot Pille. On parviendra à faire cela assez facilement ; il suffit, les deux ou trois premières fois, de le retenir par la peau du cou, en lui criant : Tout beau, et ne le lâcher qu'en prononçant : Pille.

Ensuite, pour le perfectionner, on lui jette le moulinet et on lui crie : Apporte, aussitôt qu'il en approche, on lui crie : Tout beau, et on le retient au moyen du collier de force. Enfin on ne lui permet de le prendre qu'après lui avoir dit : Pille. On répète cette leçon autant de fois que cela est nécessaire. Lorsque le chien y est bien affermi, on prend un fusil que l'on amorce d'une capsule fulminante, et après lui avoir dit : Tout beau, on fait mine de mettre le moulinet en joue. On tourne autour de l'élève en tenant toujours le moulinet en joue et en agrandissant progressivement le cercle. Cela l'habitue à harder son arrêt malgré les mouvements que peut faire son maître. Lorsque l'on a fait assez de tours, on fait éclater la capsule en abattant le chien du fusil, et on crie : Apporte, afin de faire comprendre à l'animal que le coup de fusil doit remplacer le mot Pille.

Alors, au lieu du moulinet, on se sert d'une pelote de chiffons sur laquelle on a cousu des ailes de perdrix, et ensuite d'une peau de lièvre remplie de foin ou de mousse, et à chaque extrémité de laquelle on a placé une pierre, afin d'habituer le jeune animal au poids du gibier et surtout à le prendre par le milieu du corps, en lui faisant sentir la nécessité de le porter de la manière la plus commode pour ne pas embarrasser sa marche.

Lorsqu'il est bien docile à la leçon du Tout beau, il faut encore lui apprendre à quêter sagement. Après lui avoir jeté au loin la peau du lièvre, on lui dit : Apporte. Lorsqu'il a marché un peu, on lui crie : Halte-là, et on l'arrête brusquement à l'aide du cordeau ; on se rapproche alors de lui, et on le fait repartir en lui disant : Doucement ; enfin quand il est près de la peau, on lui crie : Tout beau. En répétant cette leçon plusieurs fois, le chien devient docile et sage dans sa quête, il craint de s'emporter de peur d'être arrêté, et il prend l'habitude de ne pas s'abandonner à sa fougue.

Dans cet état, on se procure une perdrix vivante, et on la fait placer dans un pré où on l'attache par les pattes à deux piquets. Tenant le chien avec un cordeau, on le dirigera vers le pré, et dès qu'il aura le sentiment du gibier et qu'il voudra marcher vite, on calmera son ardeur par le mot DOUCEMENT. Lorsqu'il arrivera près de la perdrix, on lui criera : TOUT BEAU. Alors lâchant le cordeau, on tournera autour d'elle et on finira par la prendre et par la lui faire flairer en le caressant. Enfin, après avoir répété plusieurs fois cette manœuvre, on tue la perdrix devant lui d'un coup de fusil, et on lui dit : APPORTE.

Arrivé à ce point d'instruction, le chien est en état d'être conduit en plaine. Pour être plus sûr de sa sagesse, on lui met un cordeau et un collier au cou.

L'époque la plus convenable est le commencement du printemps : c'est celle de la PARIADE. Les perdrix étant appareillées, tiennent davantage, et les couples étant isolés, il en part moins à la fois, ce qui n'étonne pas autant le chien. Comme il est plein d'ardeur, on a assez de peine à le contenir, et c'est alors qu'il faut lui répéter souvent les mots HALTE-LA et DOUCEMENT. S'il voulait s'emporter, on lui crierait fortement : A TERRE, en tirant le cordeau à soi. Si, malgré ce moyen, on n'obtenait pas assez de sagesse, le lendemain on lui mettrait le collier de force, et s'il s'emportait, on le corrigerait un peu ferme par les saccades données à ce collier.

Pour l'accoutumer à barrer devant soi, c'est-à-dire à battre le terrain à droite et à gauche, on a soin quand il marche en avant de faire quelquefois demi-tour, en lui criant : A moi. Le chien, quand on lui a répété plusieurs fois cette leçon, craint toujours de s'éloigner de son maître ; et pour ne jamais le perdre de vue, il s'avance en zigzag, et apprend insensiblement à battre une plus grande largeur de terrain. Ensuite on lui enseigne à chercher du côté où l'on veut, en le lui désignant avec la main, il arrive bientôt à quêter convenablement.

Beaucoup de jeunes chiens ont la mauvaise habitude de porter le nez à terre ; c'est le plus souvent le défaut de ceux qui pèchent par l'odorat ; chaque fois qu'on s'en aperçoit, on lui crie : Haut le nez ; ce commandement l'inquiète, il s'agite, va et vient, et il arrive souvent qu'il saisit ainsi le sentiment du gibier. Lorsqu'il a réussi à trouver plusieurs fois le vent, il portera toujours le nez haut. Les perdrix tiennent beaucoup moins devant un chien qui les suit à la piste que devant celui qui les quête à bon vent. Celui-ci d'ailleurs forme toujours ses arrêts de loin, tandis que le chien qui quête le nez bas, s'il parvient à arrêter, le fait presque toujours en touchant pour ainsi dire le gibier.

Le chien bien sûr pour l'arrêt des perdrix arrêtera aussi bientôt le lièvre; mais comme il est plus difficile de l'empêcher de le poursuivre, il faudra avoir soin d'y veiller et de l'arrêter par le mot A TERRE au moyen du cordeau, et si on ne parvenait pas à le corriger de ce défaut, il faudrait lui faire reprendre le collier de force.

C'est encore par le mot A TERRE qu'on parviendra à le corriger de courir au coup de fusil d'un autre chasseur. Pour cela, on pourra se promener avec un ami, et lorsqu'il tirera, on aura soin de faire coucher son chien. S'il s'emportait, il faudrait lui mettre le collier de force, et répéter cette leçon, en le corrigeant vivement s'il faisait la même faute.

Lorsqu'un jeune chien a contracté l'habitude de poursuivre les volailles et les moutons, et que le commandement A TERRE ne l'arrête pas, on lui met le collier de force et on le conduit près des poules et des moutons. S'il s'emporte, on lui fait sentir fortement le collier, en augmentant la punition de quelques coups de fouet. Après cette leçon, on le conduit en liberté, et s'il n'est pas sage, on recommence la correction jusqu'à ce qu'il ne fasse pas la moindre attention à ces animaux.

Il arrive souvent qu'un jeune chien qu'on conduit en plaine forme de faux arrêts sur les alouettes ; on le corrige aisément de cette habitude en lui criant : HAUT LE NEZ. Si, au lieu de dresser un chien né chez soi, on était obligé d'en acheter un, il faudrait le choisir vif et ardent. A moins que l'on ne connaisse le père et la mère, on devra, avant de l'acheter, le conduire en plaine, pour s'assurer qu'il a de l'odorat. Enfin, si l'on achetait un chien tout dressé, il faudrait que le vendeur lui fît répéter tout ce qu'il sait faire, afin que l'on s'instruise de la méthode qui a été suivie pour le dresser, et que l'on se gouverne en conséquence.

En résumé, l'instruction d'un chien de plaine consiste à le rendre obéissant, à lui apprendre à rapporter à terre et à l'eau, à avoir la dent douce pour ne pas gâter le gibier, à arrêter sûrement, à se coucher, à quêter convenablement, et à ne partir qu'au coup de fusil de son maître, et encore après le commandement de APPORTE. Quant au chien pour chasser au marais et sur l'eau, il suffit qu'il soit soumis, qu'il sache parfaitement rapporter et qu'il aille à l'eau en toutes saisons. Nous observerons que tous les moyens qui peuvent amener ce résultat sont également bons ; mais que pour qu'un chien s'instruise plus vite et plus sûrement, il faut suivre continuellement le plan d'instruction qu'on s'est tracé, et quand on lui a fait répéter une leçon, on a soin de s'y prendre de la même manière que la première fois. Il faut également qu'il ne reçoive de leçons que d'une seule personne.

FIN.

TABLE DES MATIÈRES

CHAPITRE PREMIER.

CHAPITRE II.

CHAPITRE III.

CHAPITRE IV.

CHAPITRE V.

CHAPITRE VI.

CHAPITRE VII.

CHAPITRE VIII.

CHAPITRE IX.

CHAPITRE X.

CHAPITRE XI.

CHAPITRE XII.

CHAPITRE XIII.

CHAPITRE XIV.

CHAPITRE XV.

CHAPITRE XVI.

CHAPITRE XXVIII.

FIN DE LA TABLE DES MATIÈRES.

Typogr. et stér. de Crété.